U0112027

大展好書　好書大展
品嘗好書　冠群可期

大展好書　好書大展
品嘗好書　冠群可期

休閒娛樂
24

輕鬆瞭解電氣

柯富陽／編著

大展出版社有限公司

序　言

　　進入 21 世紀，電氣機器的普及和進展十分顯著，而電氣的利用也逐漸趨於多樣化。現在我們的日常生活若是沒有電氣，可以說根本無法度日。

　　例如，每個家庭、辦公大樓、工業區所供應之電力的發電設備，以及輸送電力的電線等等，為了要將停電等故障、問題減少至最小程度，而很有效率地發電，像網目一般散佈於全國各個角落。

　　1965～75 年代，可以說是電氣化時代來臨的時期。諸如彩色電視機、電毯、吸塵器及各種廚房器具，都一一問市。而每一種電化製品都屬多機能、高性能，而為了因應時代的需求，在節省能源上也各有其對策。

　　自 1985 年開始，各種新型機器陸陸續續地登場。以 VTR 為首，VHD 及 LD 等 AV 機器或在照明及冷氣方面，採用反用換流器方式，機能更是顯著地提高了。

　　由於採用了個人電腦及文字處理機的 Fuzzy 理論，洗衣機等電器也能進行像人一般的判斷，電子技術的進步確實不可限量。

　　在迎接新的時代來臨時，將過去許多前輩經過

百餘年所建立的電氣相關知識，編寫成本書發行，此一時機，的確非常適當。

現代各種新的理論及新的名詞在大街小巷十分氾濫，而且大多非常難以瞭解其真正意義，不過，本書從電氣的基礎到進化的過程，都以非常平易的方式加以解說。

至於內容，則是從發電、電氣用語、原理、構造乃至用途等各方面兼而有之。

第一章所要介紹的是，目前成為大家談論話題的電磁電動車，以及有關電氣的熱門話題。

第二章解說從靜電到發電、電池等利用電氣的原理。第三章則是遵循從發電所輸送電力的電氣路徑，加以說明。

在第四章中，則整理了對日常生活有用的電氣知識，雖然電氣非常方便，但使用時仍有應注意之處，絕不可輕忽。

第五章，是以電波的功用為主，先介紹電化製品，第六章介紹電腦的話題、超電導、利用鐳射光的光的技術研究等等，也就是所謂高科技的領域。

僅僅精讀本書，如果能精通於一般人認為很難懂的電氣知識，那麼就是一大樂事了。

目　錄

第一章　電

第五章　電氣製品的結構

第一章　電

掌握電氣的真相

直到愛迪生發明電燈泡的十九世紀後半期，人們仍搞不清楚電氣的真相。

雷是蓄存於雲中的靜電

空中發出激烈的雷鳴及閃光，乃是空氣中的放電現象。

空氣是絕緣體，普通時候是不通電的，但當大量的靜電蓄存於雷雲中時，靜電就會突破空氣的絕緣層，而向地面放電。此時，靜電會竭力通過電氣容易流動的部份，所以閃光就變成雷。

真空管中的雷

我們可以在實驗中產生同樣的放電現象，那就是稱為「真空放電」的實驗。前面已談及，空氣並不容易讓電氣通過，所以，應儘可能造成接近真空的狀態。首先，我們應在玻璃管的兩端接上電源的正極或負極。電氣實際上沒有迴路時，就不會流通，所以，此時只是玻璃管的兩端具有電壓而已。

用「幫浦」將玻璃管的空氣抽出之後，當玻璃管完全變成真空狀態時，玻璃管的兩端之間就會開始有像電一般的小火花在飛散，那是因為放電而在兩極間通過了電氣所致。

誠如前述，必須接近真空的狀態，但是，如果只用普通的設備是不可能製造出真空狀態的。而且也只有使用完善的設備才最理想。因為由於真空放電而發散的火花會成為稱為電子的粒子，而這些粒子正是電氣之源。電子和空氣的分子相衝撞，撞擊到留存於玻璃管中的空氣分子，於是產生了火花。

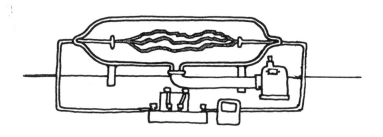

電子在飛

　　直到愛迪生發明電燈泡的 19 世紀後半期，人們仍搞不清楚電氣的真相。到了 1897 年，有一位 J・J 湯瑪斯的科學家，發現真空管中有粒子從負極飛向正極。因為這一連串的粒子是來自負極，所以，他便命名為陰極線。

　　他將葉片放在真空管中，確認有一種具有質與量物質飛出去，他也知道，當受到電磁石等物體的影響時，陰極線的方向會發生變化，並調查出那些粒子是帶有負電。

　　湯瑪斯發現陰極線之後不到 100 年，電氣的研究已有令人驚訝的進步，於是逐漸建立了現代的電子社會。

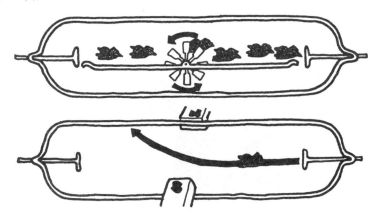

　　備忘錄◇世界上的水力發電始於 1882 年的美國。在電力事業的歷史上，只不過歷經 100 年而已。

我們來看電錶吧

電氣並不是每次使用才去「訂購」，而是時時送到我們家中來，我們使用的電量則由電錶表示出來

如何知道使用多少電力？

我們在家中所使用的電氣，是由發電所負責製造，經由長距離的輸送過程，最後才送到每一個家庭。負責發電及送電的是電力公司，而我們用多少電就需付給電力公司多少費用。

我們消耗了多少電力，就支付多少費用給電力公司這個生產者，這是理所當然之事。不過，這和普通的購物行為又稍有不同。我們並不是到電器行購買電氣即可（乾電池又另當別論），也不是像酒店或洗衣店那樣有人來招攬生意，或是像第四台那樣，每月都需支付固定的金額。

和電氣一樣的是瓦斯及自來水，即使不是每次使用時都去「訂購」，公司也會時時將「商品」（電氣、瓦斯、自來水）送到我們家中來，而由我們支付所需用量的費用。我們所使用的電量，由於每家都裝有電力量計，而抄錶員每兩個月一次會巡迴調查電錶上的度數。那麼，我們所使用的電量是如何呈現在電錶上呢？

現在，我們就來看看電錶吧。從送電處有電線接到我們家中，而其附近就有電錶。它大致是裝置在斷路器或安全器的旁邊，錶上有數字錶顯示數字，下方則有薄薄的圓板在旋轉。當我們使用電氣時，圓板和旋轉齒輪開始運轉、連轉，電錶上的數字就會逐漸增加。

我們使用電氣時，使用多少的量就會流通多少的電氣，而這些電氣一定會通過電錶。當電氣通過電錶時，圓板就會開始旋轉。不過，這是為什麼呢？

圓板是用鋁製成的，上面有兩個電磁鐵，裝在左右兩端。電磁鐵是以電線將鐵纏繞起來，使它成為線圈，當電氣通過磁鐵時，電線就會成為電磁鐵的線圈。因為每個電磁鐵都用電線纏繞起來，所以，依照所使用的電量，電磁鐵會成為強的磁鐵或弱的磁鐵。

圓板和電磁鐵是分離的，但由於電磁鐵的磁力，圓板會有電氣通過。因此，電氣和磁鐵之間的關係非常密切，受到磁力的影響，物體會有電氣產生，而電氣通過的物體也會產生磁力。

電錶上的圓板也會產生磁力，和電磁鐵的磁力發生反應而運作起來。結果，根據我們使用電力的多寡，圓板也旋轉多少，在電錶上留下我們所使用電量的數字。

備忘錄◇河川的水量減少稱為乾旱期，如一、二、三月。水量較多的七、八月則稱為豐水期。冬天如果下雨量較少，則夏天河川的水量就會不足，水力發電所也將發生困難。

電氣輸送延遲時

基本上，電話的結構是將說話者的聲音改變為電流，而受訪者則是將電流改變為聲音。

電 話

在全國中缺少電氣的地方，以及缺少電話的地方，可以說幾乎沒有，無論何時何地，我們都可以利用電話辦事。

像市外電話的長途通話，或是打到國外的國際電話，這些電話的費用已經比以前便宜得多。從按鍵電話到無人接聽的答錄機等等，目前電話機本身也已經更為便利而具有更多機能。用傳真機傳送圖像及文章時，也可經由電話線路而更加迅速。如果使用個人電腦，就可以和電話線路連接起來，享受「個人電腦通訊」此一與眾不同的會話所帶來的樂趣。今後，我們將更無法缺少電話。

基本上，電話的結構是將我們的聲音改變為電流，而對方那邊則是將電流改變為聲音。

樂器的聲音及人的聲音，都是由聲音在空氣中振動而發出。當我們說話時，是藉著震動聲帶而振動空氣，收緊嘴唇或張開嘴巴，將舌頭向前後左右震動而產生各種頻率的音波。耳朵有鼓膜，可以接受音波，並分辨說話聲及其他的聲音。

我們說話的聲音，頻率介於 100 赫到 5000 之間。電話機是以振動板接收 300～3400 赫的音波，然後改變為電流。幾乎所有的聲音，都包含於此一範圍之內，所以，要通話時並無任何不便之處。不過，電話中的聲音和真正的說話聲有著微妙的差異。

在電話線中，流動著本來是聲音的電流，此電流和我們的聲音頻率有著同樣的起伏振動，我們將此起伏波動合成起來。現在假定有數十人同時從一個市區打電話到另一個市區去，而有數十種聲音電流被合成起來，由一條電話線傳出去。有些地方一萬人以上的聲音也可以被傳送，當然，接電話的人會將此聲音加以分解，取出我們打電話者的聲音。

當我們按鍵或撥號時，便能接上我們所要通話的對象，這是什麼樣的結構呢？撥電話號碼時，會有根據該號碼的訊號發出，並傳到電信局的交換機上，收到訊號的交換，就會按照該號碼，替我們接上所撥的電話機的線路。

按鍵電話，是在鍵盤上裝有頻率的振動裝置，從 1 到 0 等數字，以及 ＊、＃ 兩個符號，共有 12 個按鍵，排成縱向四列、橫向三列，縱橫的各排或各列，都會發出 7 種頻率，每當我們按下一鍵時，就會有兩個頻率的合成訊號送到交換機中。

撥號電話，則有可以和撥盤一起活動的勾子，當我們放開手指，它就會轉動齒輪，此時，電話機會根據我們所旋轉的次數發出訊號，而經由交換機傳到對方的號碼去。

備忘錄◇世界第一大水力發電廠，是東京電力的新高瀨川發電廠（長野縣）

將光變成電氣、太陽能電池

讓電氣流通於導線時，在導線中會產生電阻，不讓電氣有流動的力量。電氣和電阻，有如兩個打架的小孩一般，互相拉扯、抵抗，結果，電氣能量的一部份就變成熱。

各位大概都看過電烤箱或電爐的鎳鉻合金線，發熱變成深紅色的樣子。

除了熱之外，電氣也和光有關。以我們身邊的東西來說，就有太陽能電池一例。當我們提及太陽能房屋時，就會想起利用太陽能產生熱水的太陽能溫水系統，而利用太陽的光線產生電氣的太陽能電池研究，也十分盛行。

給予 N 型及 P 型兩種半導體組合起來的東西照射光線，就會產生電壓，現在已經有很多利用人造衛星的太陽能電池，各位也知道有太陽能計算機吧。利用「夢幻新合金」製成的計算機，雖然效率略遜於普通的太陽能電池，但價錢卻非常便宜，是一種十分方便、經濟的計算工具。

用電點亮的兩極真空管

我們最常看到的也許是 LED，也就是發光兩極真空管。例如 AV 機器及汽車的儀表板等顯示盤發出紅光或綠光的部份。這些東西也是將兩種半導體組合而成，當電氣流動時，就會發光。因為只要有一點的電氣就會發光，所以，想要用來照明時似乎只有微弱的光，光度仍嫌不足，但可以用在許多地方。因為在電子零件專賣店就買得到，樣子又像小燈泡，使用的要領也一樣，用它來製成電子勞作也很有趣，十分方便。

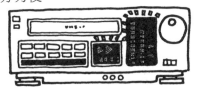 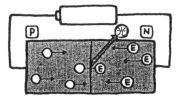

能感應光的感應器

感應器是控制儀表板上顯示溫度或幅射量的裝置。

還有一種物質是鎳鉻合金線產生熱的原因，當電阻遭遇抵抗時，一照射光線就變小，而讓電氣更容易通過。在這方面代表性的物質是硫化鎘。將硫化鎘烙在特殊陶器上，然後用玻璃覆蓋的硫化鎘感光素子，目前被視為光感應器而廣為利用。

除此之外，雖然和電氣並無直接的關係，為了以光代替電波來通信的光通信研究，也正在大力推展之中。光纖維及鐳射光的研究，可以說已進入實用化的階段。

備忘錄◇晴天而風小的時候，地上 100 公尺處所形成的空氣層稱為「逆溫層」。當煙霧及廢氣被封閉於逆溫層內時，就會成為空氣污染的原因。

便利的移動通信

> 將 B.B. Call 放在口袋裡，緊急時對方可以發出「請和我連絡」的訊號。由於行動電話的問市，現在的電話已經非常方便了。

用 B.B. Call 呼叫

外出時，即使所在的地方不固定，重要的事情也能呼叫到人，此一服務，意外地比大家知道的還早，是始於 1968 年。現在的呼叫器在液晶顯示窗表示訊號等功能，代表服務的品質已提高了。

舉例而言，現在我們來想像普通電話一樣有七個號碼的呼叫器。在這七個數中，前面三碼是電信局的號碼，後面的四碼則是加入服務者的號碼。當我們想呼叫不知現在身在何處的某人時，就按該七個數字的按鍵，此時訊號先接通電信局，然後電信局再將後面四碼轉到呼叫器服務的總局，在該局確認此人是否為加入者，並呼叫出此人。最後也需連絡呼叫者，告知對方目前正在呼叫之中。

呼叫器後面四碼的號碼，會變換為二進位的密碼符號，例如利用 250MHz 的 FM 播送波將密碼播送時，呼叫器會接到到該 FM 播送，並先解讀所呼叫的號碼。如果號碼和自己同樣，呼叫器就會響起。

帶著電話機走吧！

呼叫器頂多只能知道有人在呼叫，或者傳遞簡單的訊息而已。和移動中的對方無論何地也能通話的，便是行動電話。

行動電話和電信局之間，是以無線的方法相連接，會將按下號碼者的電話訊號保留下來，擔任中繼站的角色。大哥大，受話器本體或者電話線路的連接裝置，會向受話器播送交談的內容。

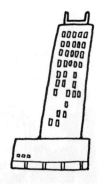

備忘錄◇火力發電廠的集合煙囪，是以和中度颱風一樣的秒速 30 公尺的速度，吹向約 500 公尺的高空。如此突破逆溫層。

以電子科技進行健康管理

沒有看刻度的麻煩，能迅速地測定數值，便是電子血壓計及體溫計的優點。

能看出血壓的電子血壓計

在測定血壓時，要將橡皮製的袋子纏在手臂上，然後將空氣灌入袋內，將它束緊，先將在手臂動脈流動的血液止住之後，再將袋內的空氣抽出。當血液開始在動脈內流動時，會有一種特殊的聲音響起。不久之後，此一聲音就會消失，而開始聽到聲音時和消失時，橡皮袋的壓力各稱為最高壓力和最低壓力。

電子血壓測定機，是以裝入橡皮袋的麥克風去捕捉血壓的聲音，然後以壓力感應器去測定橡皮袋的壓力，而表示壓力的仍是液晶顯示窗。也有裝有幫浦自動地將空氣灌入的機種，以及附帶將檢查出來的血壓值印在紙上的機種。

立刻能知道體溫的電子體溫計

幾乎每個家庭都會有一支體溫計。在玻璃管中裝著水銀是以前的方式，這和利用因熱而使液體膨脹的溫度計，是同樣的構造。

除了用儀器讓針旋轉的模擬（Amalogue）方式之外，也有用液晶表示數字的時鐘、手錶。同樣地，體溫計也有稱為電子體溫計的商品。

它是利用根據溫度、電阻（電氣不容易流動）而產生變化的溫度感應器，和石英鐘一樣，可以讀取水晶振動機所發出的頻率，並在液晶上顯示出來。

比起水銀溫度計方式，電子體溫計在正確性上似乎略為遜色，但那也只是一分或二分的誤差而已。儘管如此，電子體溫計卻減少了讀取刻度的麻煩，只需看一眼數字，便能清楚知道體溫，所以十分便利。

一般是將體溫計夾在腋下來測定，不過一旦張開腋下之後，溫度會恢復原來的程度，要測定需花 10 到 20 分鐘，或者更多的時間，所以，想要準確地測出是不可能的。關於此點，電子體溫計有比水銀式溫度計對溫度的反應更為迅速的優點。

備忘錄◇大氣污染的原因，是極為細小的塵埃，電氣集塵器可在煙囪前吸取塵埃。它是以靜電吸附塵埃及灰燼，使空氣更為乾淨。

如果以人來比喻，感應器就像耳朵及眼睛一樣，可以感應到外部的情形，並根據感覺作出反應的裝置。

取代眼睛及耳朵

距今 2、30 年前，日本開始引進工業用機器人。那是機械零件的裝配及塗裝工業自動化的開始。這種機器人雖然沒有像漫畫或科幻小說所出現的性能，但它擁有極為優秀的頭腦，控制手腳的動作比起人更加正確。

要讓機器人投入工作時，當然需要有像人一般的眼睛及耳朵，能感應外部的情形，這些看或聽的部份便稱為感應器。

電話機及麥克風便是感應聲音的感應器。有的是感應光，有的是感應溫度，其他大多數的感應器，都是將感應到的聲音或光的量轉換為電氣，而根據所感應的量作出各式各樣的動作。

喔！

家電製品的感應器

　　在電鍋及冷氣機上，溫度感應器的使用非常廣泛，煮飯時，隨著煮熟的程度，掌握溫度的變化而進行微妙的火候調整，或是當溫度超過所設定的標準時，就會停止任何動作，當溫度降低時也會自動重新開始動作。

　　最近愈來愈方便的全自動洗衣機，都是使用壓力感應器及光感應器。壓力感應器會控制給水量。在洗衣機中，有一個將空氣儲存起來的地方，當水槽裡有水儲存起來時，該處的壓力會升高，此時感應器便感應到壓力的變化，將給水閥關閉。至於光感應器的作用，乃是分辨水分污穢的程度，並藉以調整清洗的時間。

在街上行走也使用感應器

　　光感應器也用於路燈的自動開閉。路燈一到傍晚就會自動點亮，到了早上又自動熄滅。這是因為能感應到周圍明暗的感應器發生了作用，而將路燈的開關打開或關閉。為了避免感應器感應到路燈本身的光亮，光感應器通常裝在支柱或電燈覆蓋物的背面。

　　當有人接近自動門時，自動門會立刻察覺有人接近而自動打開，讓人進入或出去，這也是因為自動門裝有紫外線的感應器。

備忘錄◇日本最大的火力發電廠，是茨城縣鹿島發電廠，也是世界最大的火力發電廠。

電視進化論

發展極為迅速的電視，從黑白的畫面變成彩色畫面、立體音響到文字多重播送，可謂一日千里，將來也許連氣味也能聞得到⋯⋯

最初是黑白電視

開始有電視播放時的畫面是黑白的，但現在的彩色播放已經成為理所當然。

至於聲音多重播放，我們可以選擇將外國的電影或戲劇以原音播放，或是切換成本國的聲音，更可以享受立體音響。

也有電視採用文字多重播放，那是在戲劇節目中打上本國字幕，但也保留外文的字幕，或是和普通的播放毫無關係，可以直接接收以文字表達的新聞。

聲音多重播放及文字多重播放，都必須有具備這些功能的電視機種，否則就無法收視。例如，即使是以彩色播出的節目，如果只用黑白的電視映像管，所接收的仍是無色彩的，目前正式開始播放的衛星電視，如果沒有天線及專用的調節器，也一樣無法收視。

正如彩色電視普及化一樣，今後會賣出更多能接收多重播放及衛星播放的電視。

大畫面的壁掛式電視

電視機的映像管是一個很大的真空管。它將頭的部份變成平坦，而將電子此一成為電氣的因素放射到其上，映出畫面，映像管的內側，有碰到電子時會發光的設備。

因為目前已進入 AV 時代，所以大畫面的電視極受歡迎，成為市場的寵兒。表示尺寸的 14 吋或 21 吋，是指畫面對角線的長度而言。一英吋約 2.5 公分，在各電器行中，29 吋的電視銷路極佳。畫面大的電視，最好是在稍遠的距離觀看，但由於都市的住宅情況，所謂的家庭戲院，看來也只是很狹的空間而已。而電視的厚度（因為裡面映像管的大小）也有妨礙，現在有以液晶代替映像管的電視，那是厚度不厚的超薄型電視。現在已有許多液晶電視達到商品化的階段，被當成小型收音機隨身攜帶的小型電視，也十分風行。我想各位已經知道，液晶是計算機及數字錶的視窗部份。它普通是透明的，但給它加上電壓時，就不會反射光線，看來好像變成黑色的一種特殊物質。液晶電視是以濾光器將光的三原色——紅、藍、綠組合成各種顏色，映出有顏色的影像。

如果是大畫面的電視，和使用映像管的電視相同，畫面會變成很粗的粒子，只要能解決此點，就會出現掛在牆壁上的懸掛式電視。

備忘錄◇高速增殖爐是以鑄取代鈾作為燃料。而此一名稱是由冥王星而來。

錄音機的 Hi-Fi 及 HQ 是什麼？

發現在大家都很熟悉的 Hi-Fi 及 HQ 究竟所指為何？

在改良音質及畫質上下功夫

Hi-Fi 是指「對所錄的原音忠實度較高」而言，表示音質優良之意。

無論是錄音機或錄影機，都是以磁鐵將訊號記錄下來，也就是電磁鐵的一種（稱為磁頭）將磁氣記錄下來。

錄音機的磁頭是固定式的，只有錄音帶在迴轉，至於錄影機、錄音帶迴轉的方向正好和磁帶迴轉的方向相反。錄音機只將聲音訊號記錄下來，但錄影機也需將映像訊號記錄下來。

在記錄映像訊號時，和聲音訊號相較，需要更大量的資訊，所以將錄音帶的寬度加寬，或是使帶子迴轉得更快，以提高所記錄下來之資訊的密度。有鑑於此，便需使磁頭往相反的方向迴轉，提高與其逆向迴轉之帶子的迴轉速度。

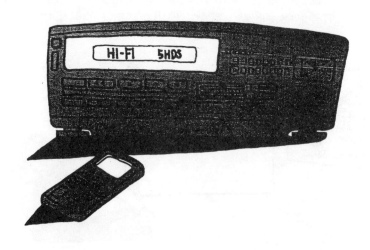

錄影帶是斜斜地纏在會迴轉且用於錄下畫面的磁頭上，結果，映像訊號也是斜斜地刻劃在帶子上。不具 Hi-Fi 性能的錄影機，其聲音是使用和卡式錄音機同樣的固定式磁頭，將聲音錄在不同於記錄映像訊號的另一個帶子的末端部份。

Hi-Fi 方式的錄影機，是將記錄映像訊號的傾斜部份和映像訊號相重疊，將聲音記錄下來，然後再將映像記錄於其上。也就是另外準備一個聲音用的磁頭，將聲音記錄下來，再將映像記錄於其上。Hi-Fi 的聲音，由於是以和映像訊號相同的高密度加以記錄，因此音質也較為良好。

目前的 Hi-Fi 錄影機，價格已經愈來愈便宜，不過在此之前，有一種 HQ 方式的錄影機，是以畫質優良為宣傳口號，這種錄影機，也曾是高級的錄影機。所謂 HQ，是表示高品質之意。

彩色錄影機的映像訊號，是將表示明亮度的亮度訊號和色彩訊號加以分離，並記錄下來。訊號之中，混雜了多少雜音，由 SN 比來表示。而採 HQ 方式時，是在抑制亮度訊號的 SN 比上下功夫，使畫面能產生鮮明的影像。

色彩訊號方面，也是設法使同一色彩部份，無論大小的都能防止產生不均勻的顏色。在尚未採用 HQ 方式以前，三倍 Mode 只用於矯正畫面模糊不清，而標準 Mode 則採用強調輪廓的構造。

以上即為 HQ 方式的特徵。

備忘錄◇夢幻般的能源，也就是核融合，當作燃料的重氫，在海水每一公秉中約含有 34 公克之多，所以不必擔心缺乏燃料。

圖形及數值高品質的 PCM 廣播

以電波播送聲音的收音機 AM 播送、FM 播送，以及目前成為話題的 PCM 播送，究竟有何差異呢？

AM、FM、Amalgue 方式

收音機的播送方式，分為 AM 及 FM 兩種。不容易摻雜雜音的 FM 播送，極受音樂迷們的喜愛，而專門播放音樂節目的 FM 廣播電台，以都市為中心，正在增加其廣播範圍。

廣播時所使用的電波，顧名思義乃是電氣之波，它是電壓平緩地發生變化，一再重複波峰及波谷的形狀。AM 和 FM 所使用的電波，形狀有所不同。

AM 的電波，藉著改變其高度來傳達聲音的訊號。而受訊的收音機，裝有讀取電波高低變化的檢波迴路，可以將電波變換為聲音。

至於 FM 的電波，「波峰」的高度是一定的。那麼，它如何傳達訊號呢？那就是改變音波的密度，也就是以音波密的部份及疏的部份去傳達。

稍有不同的 PCM

電視是將聲音訊號及映像訊號兩者一起播放，而聲音屬於 FM 的電波。我們可以使用 FM 的廣播收聽電視的聲音。

自一九八五年開始的衛星電視，是以高頻率的電波去播放，所以我們能收看到比以前的電視更清楚的影像。電波的頻率愈高時，愈能使訊號變得更細，所以影像及聲音的品質都會更加良好。

在衛星播送之中，音質更進一步提高的是 PCM 播送。PCM 是將聲音等訊號變換為電波的方法之一，但和 AM 及 FM 稍有不同。

AM、FM 是使電波很平順地變化，相對地，採用 PCM 方式時，是將聲音訊號變成不連續的凹凸波。

將聲音變換為圖形及數值

聲音原本是平緩的波浪，而 PCM 則是將最初的波浪高度區分為非常短的時間。此時，以四捨五入使它成為整數的數值。

我們通常是用 0～9 等 10 個數字表示數值，而 PCM 則只用 0 及 1 這兩個數字。

也就是將聲音的訊號，變換為 0 及 1 的一連串符號，而 PCM 即為變換符號的略稱。

只有 0 或 1 的 PCM 播送，在送訊的途中，資訊被雜音扭曲的可能性變得非常少。再者，即使是訊號很微弱，只要受訊的那一方有 0 或 1 即可，所以幾乎不會發生錯誤。

AM 及 FM 之類的變化稱為圖形，PCM 之類斷斷續續的符號變化則稱為數值。相對於過去以指針旋轉的鐘錶，以數字表示時間的鐘錶類型，便稱為數字鐘或數字錶。

現今的社會，已是數字時代，而已經取代唱片成為標準唱片的 CD，也是利用 PCM 的方式將聲音記錄下來。

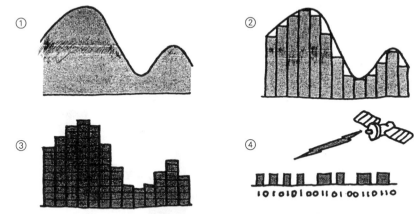

①先將電波的聲音訊號轉換為圖形，使它成為整數。　②以瞬間單位去計測。　③以四捨五入法計算。　④以二進位的符號化進行數據播送。

備忘錄◇在核融合的記事中可以見到的「磁流體」（plasma），是構成原子的電子及原子核等，處於超高溫下分離的狀態。

個人電腦通信指南

被視為孩子之遊戲的個人電腦通信，愈來愈增加其實用性，現在已成為必需品。

有反調節裝置便能進行個人電腦通信

電腦是代替人去計算的機器，價錢已經降低許多的個人電腦，只不過短短十多年的歷史而已，但它從計算薪水的業務用電腦、個人電腦通訊、遊戲乃至文字處理機，個人用的電腦在數年間急速地普及起來，帶給人們莫大的樂趣。

電腦必須給予程式，也就是按照固定的順序給予指令，否則便無法運作。電視及吸塵器也許比電腦更容易使用，但如果是電腦遊戲機或文字處理機，都有個別專用的機械在市面上發售。不僅如此，現在也能以專用的文字處理機或電腦遊戲機進行個人電腦通信。

所謂個人電腦通信，便是利用電話線路和其他的個人電腦交換資訊。如果有個人電腦、文字處理機或電腦遊戲專用的電腦，只要接上通信軟體（指程式而言）及反調節裝置（連接電腦和個人電腦的機械），便能進行通信。

當然，它和傳真及電話本身的通信是一樣的，沒有對象便無法通信。為了應付和我們所認識的人可以利用個人電腦，網路及 BBS 便應運而生。

BBS

有一個基於讓更多的人利用個人電腦，而在他們之間擔任「仲介」角色的組織，稱為個人通信網路，它專門負責為個人與個人「拉關係」。電信局只替我們準備好通信用的電話線路，但網路不同於電信局，另外，由其他的企業或個人為了興趣而營運。如果以網路的中繼站連絡，就可以做個人電腦通信，或是替你查閱留在中繼站的資訊，也就是和電信局的語言信箱相類似。

BBS乃是告示板之意，只要是身為網路的會員，便可將自己的意見或所要詢問的事寫下來，也可以讀取別人所寫的留言。有些網路，只要利用也能接觸到不同領域的資訊、新聞，對增長知識大有助益。

網路的服務範圍，多半非常廣泛，所以，相距較遠的兩方與其用電話，還不如直接用個人電腦通訊，後者的電話費會更加便宜。

聲音或說話不是指電話中的交談，而是指利用個人電腦的文字當場對談，也就是所謂的筆談。

稱為電子信箱的服務，是當有寫給自己的傳言時，就會將它留下來，而在方便的時間可以打開信箱讀取它，不會像電話那樣，因為在工作中打進來而無法接聽。對於有個人電腦但無傳真機的人，也有將對方的通信內容變成傳真的服務。

備忘錄◇地球一年內所消耗的太陽能，如果以煤炭換算的話，大約為 90 兆噸。等於是全球三萬年份的煤炭消費量。

有如飛翔一般的電磁電動車（Alimearmotor Car）

藉著磁鐵的力量飄浮起來的電磁電動車，雖沒有車輪，但它和氣墊車是不同的。

通勤圈的範圍擴大

行駛於東京‧大阪之間的新幹線列車，所花時間不到 3 小時。其時速為 200 公里。數年前它仍是世界上速度最快的列車。據說，新幹線最多可以有時速 250 公里的速度，在所有以車輪行駛的列車中，時速 300 公里已經是極限。

關於這點，目前已成為熱門話題的超高速運輸工具——電磁電動車，我們對它的期待極大。因為它沒有車輪。雖然目前仍停留於實驗運輸階段，但根據預定的理想，它可以時速 500 公里的速度行駛。也就是說，東京至大阪之間所需時間不到 1 小時。如果利用電磁電動車通勤，便完全可能每天來往於東京至大阪之間，輕鬆地上下班。

台灣的高速鐵路即將通車，大大縮短了台北←→高雄之間的通車時間。

電磁電動機的奧秘

電磁電動車為何能那麼快呢？那是因為，它並沒有車輪，而是像氣墊車一樣，飄浮於空中。不過，要飄浮於空中及行駛時，都是利用磁鐵的力量。

電磁電動車的 Alimear 是直線之意，那麼，究竟何謂直線 motor 呢？

一般而言，馬達都是圓形的，雖然有各式各樣的類型，但通常圓筒的內側和迴轉的軸承都各有電磁鐵，其中之一是永久磁鐵，使電氣流通於此處時，在軸承內的電磁鐵和圍繞著它的電磁鐵，會輪流地產生相吸引或相排斥的現象，使馬達運轉起來。

電磁電動機也是以幾乎相同的原理運作的馬達，這點是毋庸置疑的。不過你可以認為它是將普通的馬達切開、展開而成的東西。

在車體上，裝有強力的電磁鐵。當我們打開電源發動車子時，會和作為線路並排的磁鐵彼此互相吸引，使車子前進。在那一瞬間，將電磁鐵的電流做逆向切換。當電流向相反方向流通時，電磁鐵的 N 極、S 極也逆轉過來，所以，此時就會彼此相斥，又往前進，電磁電動車便是一再重複如此的過程。

超電導的利用

　　要發動電磁電動車時，需要有相當強力的電磁鐵。想讓電磁鐵變成強力的磁鐵，就需讓很多電流流通，或是增加纏繞於電磁鐵上之導線的圈數，其他還有各種各樣的方法。電磁電動車是使用超電導磁鐵的車種，而超電導又是最尖端的科學技術。

　　當電氣流通時，物質會發生電阻，想阻礙電流通過。馬達也是一樣，雖然電氣想為了人而運轉，但事實上卻無法隨心所欲地運轉。

　　但是，在接近零下 270 度時，電阻有時會在超低溫的世界完全失去作用，因為沒有任何阻礙，電氣便可百分之百地發揮力量。

　　利用這樣的超電導現象的電磁鐵，便是超電導磁鐵，為了冷卻至超低溫，在電磁電動車上裝有液體氦或液體氮等非常冷的冷媒。

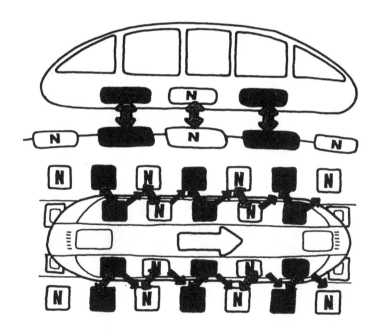

備忘錄◇太陽能電池的原理，是愛因斯坦所發現的光電效果。愛因斯坦的功績不僅止於相對論。

數值通信是使用二進位

過去的電話、AM、FM 等播送電波，是屬於圖形通信，也就是用連續性的電氣訊號發出資訊。相對地，將資訊符號化，使它成為斷斷續續的電氣訊號而加以送信的方法，則稱為數值通信。摩斯電碼是在電波尚未被發現的時代發明的方法，而它即是一種優良的數值通信。

現代的數值通信，是使用 PCM 變換的方法。將資訊符號化，成為 0 或 1 的二進位。用此方法，為了要應付送信途中變弱的電波，分不清 0 或 1 的情況，糾正錯誤的方法已經被研究出來了。也就是在送出幾個符號之後，也同時發出合計之數。

舉例來說，要送出「1、0、1」這三個符號時，也發出合計起來的「2」（實際上是將它變換為二進位的「1、0」的符號），如果「1、0、1」之中最後的「1」消失的話，也因為此「2」而得以知道最初的「1、0」，三個符號合計的總和是 2，所以，便可知道最後的符號是「1」。

數值通信的優點為何？應該是密度極高的多重通信吧！據說，使用數值通信能送出數倍於以往圖形通信方式的資訊。

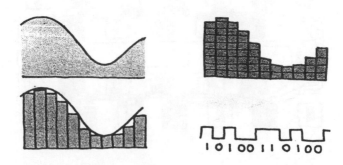

數值通信是利用一種「時間分割方式」的方法，將複數的資訊重疊起來。例如，要送出 A、B、C 等三種資訊時，最初的一秒鐘發出 A 這個符號，接著的一秒鐘是 B 符號，然後再發出 C 符號，一秒鐘之後，又開始 A 符號……如此重複下去。

　　當然，實際是以幾萬分之一秒的間隔，將幾百幾千個資訊傳送出去。如果增加送信、受信裝置的精密度，無論做什麼樣的多重通信都有可能。一般的電話、電報、電話傳真是傳送文字資訊的 TELEX。電腦的連線通信及 CATV（有線電視），如果將訊號符號化成為數值的話，便能使用同一條電纜播送。

　　密度極高的數值通信，是利用光纖電纜進行通信，而我們能以光傳送比一般電波更細密的訊號。此時，傳送信號的光稱為鐳射光線，它和普通的光線並不相同。光纖電纜是將玻璃做成纖維狀，正如電氣由電線傳送一樣，它能傳送光線。光纖電纜也被利用於作為胃鏡之類檢查身體內部的工具。

　　數報通信逐漸發達之後，電視電話便可實現，屆時人可以坐在家裡購物，或是不用到銀行的窗口也能匯款，這些服務未來都可能一一實現。由於線路網的合理化，我們也能期待電話費更為便宜。目前長途的市外通話比起市內電話，必須付出很高的費用，不過，將來也許全國的費用將統一。

資訊

電氣善於變化

在我們的生活中，照明、冷氣、暖氣使我們更為舒適。沒有比電氣更可靠的東西。

容易利用的電氣

電氣已經融入現代生活，和我們打成一片，很難想像，沒有電氣的生活將是如何情形。電氣給予我們照明、冷氣、暖氣，從三餐的準備（冰箱、電子鍋、電磁爐、微波爐）到打掃、洗衣，都能為我們代勞。收音機及電視也幾乎可以說是生活必需品。

電氣雖然會替我們做很多事情，此時會發現電不斷在變換面貌，非常善變。燈泡及日光燈等照明器具，是電氣變化為光。電爐、電烤箱、電子鍋等電熱器具，則是由電氣變化為熱。吸塵器及洗衣機、冰箱、冷氣，電氣變化為轉動馬達的動力，收音機及電視，則將電氣變化為掌握聲音及映像的電波。

光、熱、動力、聲音及映像，電氣的方便之處，就在於能簡單地變化為任何東西。如果能將各種能源先變換成電氣，將來我們便能按照我們的目的，讓它做各種變化而加以利用。

第二章　我已經瞭解電氣了

靜電的研究

電氣分為靜電及動電兩種。靜電是自然的電氣，動電則是人工的電氣。

靜電是個喜歡惡作劇的人

當說電氣有兩種時，各位也許會想到是否指正電及負電。不過在此是指靜電及動電而言。

各位都知道什麼是靜電吧！它附著在衣服上，用頭髮、或毛線衣摩擦塑膠製的內衣時，可以吸住墊板，而此現象的真相即為靜電。雷也是蓄存於大氣中的靜電的放電現象。

我們普通說到電氣，是指動電而言，也就是會流動的電氣，當我們將電池、燈泡、馬達連接起來做成「迴路」時，就會有動電的電氣流動。

靜電可以說是自然的電氣，而動電則可以說是人工的電氣。

琥珀的摩擦電氣

　　西元前 600 年左右的希臘時代，人們已經發現到有靜電的存在。當時被視為寶石而極受珍重的琥珀，表面很容易附著上灰塵，無論如何摩擦，也會立刻附著灰塵。希臘的賢人達雷斯寫道：「琥珀中留有微弱的生命。」

　　西元 1600 年左右，有一位叫做吉爾伯特的人在書上寫道：「不僅是琥珀而已，有許多東西摩擦時都會吸引別的東西。例如，硫黃、樹脂（松脂等）、水晶、藍寶石、紅寶石、鑽石、毛皮、絹布等。」

科里克的發電機

　　德國馬德堡市的科里克市長，想要更大量生產摩擦所生的力量，於是製造了大而容易摩擦硫黃球，每天一有空閒便摩擦它。之後，他發現被吸住的紙片在下一瞬間被排斥了，也就是說，「靜電不僅有吸附力，也具有排斥力。」

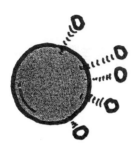

備忘錄◇如果風箏纏在電線上，會非常危險，所以電力公司會派人去拿掉。

導體及不導體

1729 年，英國的柯雷將很容易通電的物質稱為「導體」，不易通電的物質則稱為「不導體」。

他認為，很會產生（容易留有）摩擦電氣的是不導體，而導體則會讓產生的靜電立刻流失掉。

玻璃電氣及樹脂電氣（正電及負電）

1733年，法國的迪夫發現摩擦所產生的靜電分為兩種。

他將用布摩擦玻璃後所產生的電氣稱為「玻璃電氣」，用毛皮摩擦樹脂後所產生的電氣稱為「樹脂電氣」。這便是現在所說的「正電」及「負電」。現在我們已經知道，即使是相同的物質，如果用不同的東西加以摩擦時，也會產生不同種類的電氣。

■靜電列表

將玻璃和棉布相摩擦，玻璃會產生正電，棉布則會帶負電。如果棉布和聚乙烯製品相摩擦，則棉布會帶正電。

將兩種物質相摩擦時，究竟會產生正電或負電呢？下面是一目瞭然的「靜電列表」。

← 負電	硬質橡膠（聚乙烯）	硫黃	金屬	琥珀（樹脂）	絹布	尼龍	玻璃	毛皮	→ 正電

正電和負電互相吸引了

由於摩擦而帶著靜電的物質，會吸引其他的物質。其結構如下：

讓帶正電的靜電之玻璃接近金屬時，金屬之中的電子（負電）會被玻璃的靜電（正電）吸引，會往玻璃的一方靠近。

在金屬靠近玻璃的那一方，出現負電，而相對那一方則出現正電。像這樣帶著靜電的物質讓其他的物質產生靜電，稱為「靜電誘導」。

帶著正電的電氣和帶著負電的電氣會互相吸引，金屬便附著於玻璃之上。當完全接觸時，電子便從金屬流向玻璃。

流入的電子，並沒有抵消掉玻璃中的正電，所以，玻璃仍帶著正電。因為金屬釋出電子，所以會帶著正電，並變成正電和玻璃、玻璃和金屬互相排斥，有如彈起一般的分離現象。

導體及不導體都會產生靜電誘導，不過金屬等導體會有比不導體更激烈的反應。那是因為，金屬原子中有一種容易活動稱為「自由電子」的電子，相對地，在不導體中電子是不易活動的。

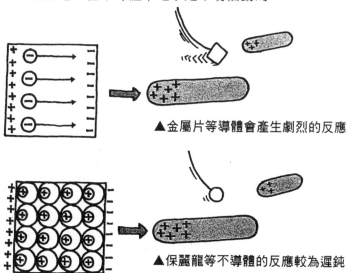

▲金屬片等導體會產生劇烈的反應

▲保麗龍等不導體的反應較為遲鈍

備忘錄◇「雷公會拿走肚臍！」這是為了勸戒小孩露出肚臍時大人常說的藉口。
雷公喜歡吃小孩的肚臍，穿著虎皮的褲子——看來他似乎淘氣極了。

原子的構造　靜電的本體是電子

　　雖然對於靜電的研究一直有所進展，但關於為何會產生靜電？直到 19 世紀結束仍有許多人不明白。靜電、動電的秘密，在於一切物質的構造。現在我們已經知道，所有的物質都是分子的集合，而這些分子是由若干的原子聚合而成。舉例而言，水是兩個氫原子及一個氧原子結合而成，以記號來表示是 H_2O。

　　如果更進一步探究，原子是由原子核及電子所構成，而電子則在原子核的周圍旋轉。

　　電子帶著負電，這便是「電氣」的「元素」。

　　原子核是由陽子及中子所構成的，由於陽子帶著正電，因此，通常和電子的負電保持相吸引的狀態。

　　當產生摩擦電氣時，例如，將羊衣衫和尼龍的內衣互相摩擦，羊毛衫中的原子會離開而移向內衣。內衣此時會增加帶負電的電子，帶著負電，羊毛衫中帶負帶的電子則會減少，所以會變成帶正電。

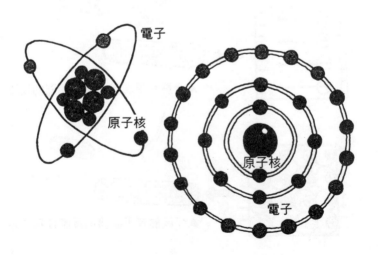

靜電能永久存在嗎？

由於摩擦而產生的靜電，隨著時間的經過會逐漸消失掉。1746年，拉丁大學的物理學者馬西恩布爾克曾想以鐵絲引導靜電，使它溶於水中。

當馬西恩布爾克手中拿著裝有水的玻璃瓶，迅速地旋轉摩擦發電機時，他想看一看是否將鐵絲通起電來，卻碰到末端那一端。他深深感受到：「即使讓我做法國的國王，我也不要再受到那麼大的打擊？」可見電擊的力量有多麼大。

事實上，並不是靜電溶化於水中，原來是玻璃瓶中的水和馬西思布爾克的手成為導體，而玻璃瓶成為絕緣體，於是變成電容器。

電容器是以兩個導體夾住絕緣體，它有蓄電的作用。

馬西思布爾克在作實驗時偶然地做成蓄電的電容器

備忘錄◇古人說，躲在蚊帳中雷就不會打到。的確，製造蚊帳的麻是一種絕緣性顏高的材料，但關於雷不會直接擊在蚊帳的保證……

萊頓瓶（電容器）的構造

　　為了很有效率地將電氣蓄存起來，擺在理科實驗室的萊頓瓶，需在玻璃瓶的內側及外側貼上錫箔。

　　內側的錫箔帶著正電（負電）時，由於「靜電誘導」的作用，外側的錫箔會帶著負電（正電）。

　　比方說，如果內側是正電的話，則電子會聚集在「外側錫箔的內側」，而「外側錫箔的外側」就會變成帶著正電。

　　但因為地球供給它電子而只剩下負電。當內側變成負電時，外側錫箔的電子會散逸到地球而只剩下正電。

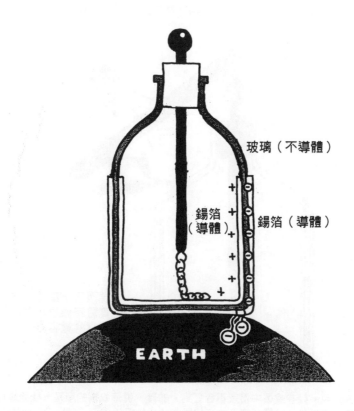

玻璃（不導體）

錫箔
（導體）

錫箔（導體）

EARTH

放風箏的富蘭克林

富蘭克林認為，如果建築物的屋頂上豎立金屬的話，便能將雷引導到地面上來，防止建築物受雷擊損，引發災害。為此，他進行了放風箏的實驗。

1752 年，在雷雨之中富蘭克林到公園去放風箏。他的風箏是布製的，並有鐵線向上突出，風箏的繩子則使用麻繩，他將繩子的末端和萊頓瓶連接起來。

當後來雷雲通過時，有很多電氣蓄存於萊頓瓶中，此時如果碰到萊頓瓶的金屬棒，會感到非常強烈的電擊，這是最能證明此點的證據。

由於此次的實驗，富蘭克林發明了避雷針。

絕對不要作如此危險的實驗

備忘錄◇英語中說：「Thunder will turn milk sour.」（當雷響時牛乳會變酸）也就是說，雷多的季節牛乳容易腐敗。

華特森的好奇心

　　萊特瓶最初的構想是「將電氣溶化於水中」。由現在看來,似乎有一點愚昧。

　　有一位叫華特森的人,想要測量靜電傳過銅線的速度。其方法是在數百、數千公尺上牽引,然後將蓄存於萊頓瓶的電氣通過銅線,用手去觸摸銅線的另一側,等到手覺得有觸電感,需花多少時間?如此測量出來即為電氣的速度。

　　電氣的速度和光一樣,秒速 30 萬公里,以此實驗根本無法測定出來。

平賀源內的電學說

　　日本江戶時代的才俊——平賀源內,以手轉式的摩擦發電機「Electriciteit」而聞名。不過,正確地說這東西並不是源內的發明。他是從來自長崎的人獲得壞掉的發電機,花了 6 年的時間獨力修復而成。「Electriciteit」在東京的通信博物館及香山縣的平賀家中,共保存了兩台。

　　他將錫及玻璃相結合,使之產生靜電,然後將靜電蓄存於事先預備好的萊頓瓶中,但在瓶外沒有導體(例如錫箔),如此一來,應該無法使電氣消失掉,便於利用。

Electriciteit 是手轉式的摩擦起電機。由於是靜電,因此能產生令人感到觸電程度的電力

庫倫定律

帶著正電及正電，或負電及負電的物質，彼此會互相排斥。而帶著正電及負電的物質，則會互相吸引。這種互相吸引、互相排斥的「力量」，和兩種物質距離的平方成反比。此一法則即為「庫倫定律」。1785 年，法國的科學家庫倫發現了此一定律。

●庫倫的實驗

　　庫倫在完成實驗時所用過的測定器，周圍有刻度，而透明的圓筒裡，吊著已經帶電的物質。

　　吊著的東西，之一是吊在中央帶著維持平衡的棒子，另一個則是吊在圓端的末端附近。

四種力量

庫倫定律不僅適用於電氣的力量，也通用磁鐵的力量。正如在「電磁誘導」一項中所說明的，電氣的力量和磁鐵的力量被認為是稱作「電磁氣力」的同一種力量。因此，電磁氣力也被稱為「庫倫力」。

其他種類的力量，有牛頓的「重力」，也就是大家所熟悉的萬有引力。

再者，物質的基本是原子、電子及原子核，而原子核是由陽子及中子所構成。相對於帶著正電的陽子，中子並沒有帶電。它比陽子在電氣上互相排斥的力量更強，具有將陽子或中性子結合起來的力量，此一力量即為「核能」，也被稱為「強力的相互作用」。

除此之外，在物理學的領域裡，它也被認為具有決定電子、陽子、中子（合稱為「素粒子」）的壽命的「薄弱的相互作用」。

備忘錄◇富蘭克林有名的風箏非常危險。因做同樣的實驗而死亡的人，多得不勝枚舉。富蘭克林不愧是後來成為總統的人，他的運氣實在很好。

人工電氣

不使用摩擦起電機而成功地製造出電氣的何爾達電堆，是和靜電相對的動電的發明。

何爾達的電堆（電池）

　　1800年，義大利的科學家何爾達不使用摩擦起電機而成功地製造出電氣。

　　用兩種金屬板（鋅及銅）沾食鹽水的紙張，然後把它和導線連接，就會有微弱的電氣通過（以電壓而言，約為0.8 伏特）。如果將它重疊數層，就會產生強烈的電氣。這便是所謂的「何爾達電堆」。

　　何爾達進一步反覆研究，又發明了效率極佳的「何爾達電池」。它是將亞鉛板及銅板浸在稀硫酸中（硫酸的水溶液稱為稀硫酸）而成。

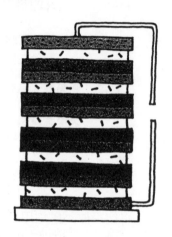

■動物電氣說

　　18 世紀時，人們雖然仍不瞭解靜電的真正原理，但當時已經在嘗試使用一種電擊療法，而義大利的解剖學教授卡爾威尼的研究室中，也放置了一台摩擦起電機。

　　有一天，解剖用的手術刀碰到青蛙的末端，青蛙的肌肉突然收縮了。而那一瞬間恰好是摩擦起電產生火花的時候，他想到，如果打雷時是否也會發生同樣的事。於是用鐵製及黃銅製的手術刀抓住青蛙的腿，把它壓在窗戶的鐵條上時，青蛙的腿突然動了起來。這似乎是和打雷毫無關係的肌肉收縮。

　　「青蛙的體內有電氣存在，因為將金屬棒插入而通過電流。由於此作用，因此青蛙的肌肉才會收縮。」卡爾威尼在書中如此寫道，將此電氣命名為「動物電氣」。

　　最後，發現動物電氣說其實是錯誤的，但何爾達當時相信此一學說而從事於研究。

鐵製的手術刀

黃銅製手術刀

何爾達電池的構造

銅即使浸泡於稀硫酸中也不會溶化，但鋅(亞鉛)卻很容易溶化。

將兩個電子留在電極板上，成為鋅離子（Zn^{++}），並加入溶液之中。溶液之中有硫酸（H_2SO_4）溶化後的氫離子（H^+）及硫酸離子（SO_4^{--}）混合在一起。

鋅離子的正電和氫離子會互相排斥，而氫離子便往銅板的方向聚集。以導線把鋅板及銅板連接起來時，本來聚集在鋅板那一側的電子會移向鋅板那一側，於是電氣便開始流動。

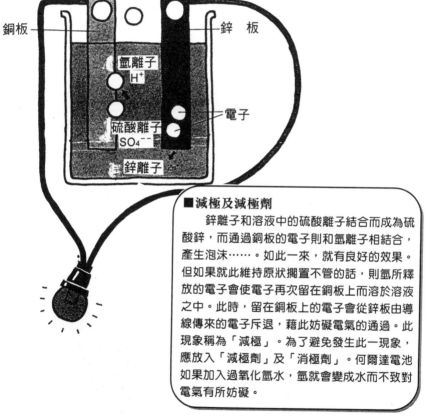

銅板

鋅板

氫離子
H^+

電子

硫酸離子
SO_4^{--}

鋅離子 Zn

■減極及減極劑

鋅離子和溶液中的硫酸離子結合而成為硫酸鋅，而通過銅板的電子則和氫離子相結合，產生泡沫……如此一來，就有良好的效果。但如果就此維持原狀擱置不管的話，則氫所釋放的電子會使電子再次留在銅板上而溶於溶液之中。此時，留在銅板上的電子會從鋅板由導線傳來的電子斥退，藉此妨礙電氣的通過。此現象稱為「減極」。為了避免發生此一現象，應放入「減極劑」及「消極劑」。何爾達電池如果加入過氧化氫水，氫就會變成水而不致對電氣有所妨礙。

備忘錄◇靜電所發生的最大悲劇，便是 1937 年所發生的飛行船辛登堡號的爆炸事故。當時是氫由於靜電而起火。

金屬的電壓列

如果將何爾達電池的兩種金屬做各種變化，就會由於鋅的組合情形如何而成為正的電極，和銅、金相組合時，則會成為負的電極。

那是因為，離子化傾向的大小，是依照鋅、銅、金的順序。

離子化傾向是指金屬溶液釋出電子的程度而言，也就是金屬釋出電子的難易度。比較容易釋出電子的金屬，會形成負的電極。以下便是「金屬的電壓列」的一覽表。

←負電（容易釋出電子）											（不易釋出電子）正電→				
K	Ca	Na	Mg	Al	Zn	Fe	Ni	Sn	Pb	H_2	Cu	Hg	Ag	Pt	Au
鉀	鈣	鈉	鎂	鋁	鋅	鐵	鎳	錫	鉛	氫	銅	汞	銀	白金	金

■不可思議的氣味

1790 年左右，瑞士的心理學者邱爾基，為了研究「舌頭及味覺」的關係，而進行了各種實驗。

有一次，他將銀及鉛同時放在舌頭上，立刻感到一股很難形容的刺激性味道，但如果只將鉛放在舌頭上的話，就沒有任何感覺。也就是說，銀及鉛相接觸時，才會產生刺激感。

邱爾基在德國的學士院報告了此一實驗結果，但無人對此報告產生興趣。事實上，在這個實驗中隱藏了何爾達電池的秘密。

檸檬電池及硬幣電池

卡爾威尼以為已經自青蛙體內引導出電氣，但如果不用青蛙而用檸檬，我們也一樣能使它產生電氣。

用手好好地揉一揉檸檬，使它柔軟，但此時必須注意不要讓皮破掉，而是讓裡面破碎充滿果汁。沒錯，就是用它來代替何爾達電池的電解液（溶液）。

將檸檬揉軟之後，再將鋅板及銅板插入檸檬，然後用導線連接起來，此時就會像何爾達電池一樣，有電子流向鋅板及銅板的那一側。

除了檸檬之外，使用橘子也可以做成電池。如果說卡爾威尼發現的是動物電氣，則此類電氣便可稱為植物電氣。

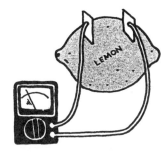

以何爾達的電堆實驗，也可以製作硬幣電池。也就是以 1 元和 10 元的硬幣代替鋅及銅，如果硬幣已經生銹了或弄髒了，就應洗乾淨。

以衛生紙沾食鹽水將硬幣潤濕，或是以舌頭舔使它濕潤，然後以 1 元和 10 元硬幣將衛生紙夾在中間。因為口水也是酸性或鹼性的物質，所以也能發揮電解液的作用。

然後，再以導線將 1 元及 10 元硬幣連接起來。因為 1 元硬幣是銅製的，10 元硬幣則是鋁製的，所以看離子化傾向之表（金屬的電壓列）便可知道，由於 10 元硬幣的鋁那一側比較容易溶化，因此電子便流向 1 元硬幣那一側。也就是說，1 元硬幣成為正極，而 10 元硬幣則成為負極，如此便做成硬幣電池了。

如果像何爾達電堆一樣，將 1 元硬幣及 10 元硬幣這個三明治的東西重疊數層，電壓就會升高一點，不過，用此方法所產生的電氣電壓極低。

檸檬電池及硬幣電池，都只能產生 0.5 伏特程度的電壓，所以，無法利用它們點亮電燈。這種程度的電壓，如果不是用測定電壓的感應器去測定，就無法感覺其存在。

各種電池

●錳電池

1878 年，法國的魯克拉西發表了一種電池，這種電池是以鹽化銨溶液代替稀硫酸，並將二氧化錳及碳粉混合成為減極劑。當我們說到「乾電池」時，便是指以魯克拉西的電池為基礎的錳電池。

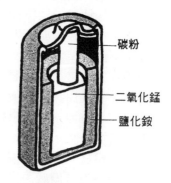

碳粉
二氧化錳
鹽化銨

●鹼性電池

發電力同樣是 1.5 伏特，不過比起錳電池壽命卻較長，在使用耳機的小型錄音機方面，需要量正在不斷成長。它是正電極利用二氧化錳，負電極利用鋅汞合金，溶液則用苛性鹼水溶液。

●水銀電池

作為計算機及手錶之電源的鈕扣型電池。其發電力是 1.3 伏特，雖然壽命很長，但在電力未使用之前電壓不會降低（也稱為放電特性良好），即為其優點。正電極利用氧化第二水銀，負電極利用鋅銨合金，溶液則為氫氧化鉀，而正電極的氧化第二水銀也兼具減極劑的作用。

氧化第二水銀
鋅銨
氫氧化鉀

乾電池的種類

常用的是 1 號、2 號、3 號等圓筒形電池。以 JIS 規格來說，則稱為 UM-1、UM-2……等等，共有 1～5 號。

發電力（電壓）全都是 1.5 伏特，而規格愈大電流愈大。如果以水槽來比喻，也許會比較容易瞭解。

需要較高的電壓時，也可以用將 4AA 及 006P 等幾個電池直列串連起來，放在盒子裡的東西。

再者，像 SUM-1、S-006P 一樣，在前面的「S」是表示性能特別良好。

直列串連的積層乾電池

原理和圓筒型的電池相同，但做成扁平型，所以想要將它串連起來獲得較高的電壓時，只要重疊起來即可。電極是鋅板上烙上碳粉。006P 表示將六個積層乾電池重疊之意。

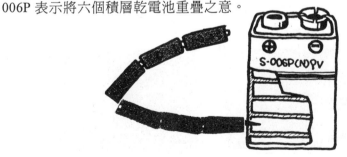

備忘錄◇在生物電氣方面，鰻魚的電氣非常有名。牠們在體內具有發電部份。能發出 800 伏特電壓的海蜇也很有名。

充電後能使用多次的蓄電池

汽車所使用的電池，如果在電氣用過後再讓電流逆向流通，便能恢復電力。像這樣能充電的電池稱為「二次電池」，用完即丟的乾電池則是「一次電池」。

鉛蓄電池的構造

汽車的電瓶，正電極是用二氧化鉛板，負電極則用純粹的鉛板，然後將這些浸在稀硫酸裡的鉛蓄電池。

在用電、放電時，負電極的鉛會留下電子而變成鉛離子，溶化於溶液中。溶化後的鉛離子立刻和溶液中的硫酸離子相結合，成為硫酸鉛，並附著於電極板上。

被留下來的電子，會移向正極去，和溶液中的氫離子相結合，成為氫。而氫和正電極的二氧化鉛產生化學反應，成為水及硫酸鉛。硫酸鉛此時也會附著於電極板上。

純粹的水愈來愈多，而硫酸的濃度愈來愈低，電壓也愈來愈小。

充電時，應和放電時相反使電流逆向流通。此時，在正電極會產生二氧化鉛，負電極則會產生鉛，恢復原本的狀態。

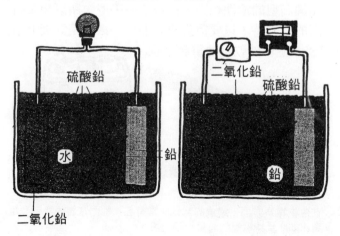

硫酸鉛（小）

二氧化鉛

硫酸鉛

水

鉛

鉛

二氧化鉛

以鎳鉻電池為電氣製品充電

正電極使用鎳，負電極使用鉻，因為是小型的，所以就將它用於攜帶用的文字處理機及膝上個人電腦。也可以從家庭用的插座以調節器（Atapter）來充電。

專門用於貯蓄電力的 Na-S 電池

我們無法長時間使用電氣，因為白天及夜晚電力的需要量有很大的不同，所以，需要比較小的夜間發電只會浪費掉。雖說如此，如果降低夜間的電力，或是提高白天的電力的話，調整的結果效率仍是不佳。

因此，利用深夜電力的電熱水器及揚水發電被開發出來，而為了有助於貯蓄電氣的超電導，正在進行沒有電阻的研究。

能充電及放電的蓄電池，雖然是短時間，但仍能貯蓄電力。由於陶瓷技術的進步，已開發出一種稱為 Na-S 的電池，這種電池能貯蓄用於汽車的鉛蓄電池的四倍電力，因此特別引人注目。

陶瓷器技術最近已經發展出特殊性質的工業用材料，Na-S 電池是將 Bata Aluminal 這種類型的陶瓷代替蓄電池的電解液，也稱為固體電解質。

Na-S 的負電極是鈉，正電極則是硫黃，所以便以鈉的英文簡稱 Na，硫黃的英文簡稱 S 合稱為 Na-S 電池。

Bata Aluminal 具有在溫度約 300 度下讓鈉通過的性質。以 Bata Aluminal 分割出鈉和硫黃，如果放電，則正電極的硫黃會變成多硫化鈉的物質，如果充電，則又會恢復原狀。

備忘錄◇微生物之中也有奇怪的東西。走磁性的細菌會感覺到磁氣，在北半球的細菌會往北極移動，而在南半球的細菌則往南極移動。

電流、電壓、歐姆定律

電氣是由電位高的地方往電位低的地方通過，這和水由高處流向低處是同樣的道理。

基本的電流及電壓

電氣的流動是眼睛看不見的情形，如果以水的流動來比喻，就比較容易瞭解。

將水放入兩個水槽之中，水會從裝得較多的那一側流出去。如果放入底部廣闊的水槽，就不會流出去。即使是相同的量，若是將其中一側的水位提高，水就會流出來。

水面高的一側會流向水面低的一側。兩個水面的高低稱為「水位」，而在兩個水槽之間，只要水位有高低之差，則水就會流出去。

電氣的情形亦復如此，只是以「電位」代替水位而已。電氣從電位高的那一側流向電位低的那一側，所流過的電氣量稱為「電流」，而電位的差異（也就是電氣流動的力量）稱為「電壓」。靜電會感到一種麻痺般的刺激感，是因為帶電的物質，地面之間又有電位差，所以電流便經由我們的身體通過。

測定電流時，要使用稱為安培的單位，讓小燈泡亮起來的電流，約 0.2 安培，如果是裝在檯燈的燈泡，則需約 1 安培的電流。安培以「A」記號來表示，0.2 安培寫成 0.2A，1 安培便寫成 1A。

電壓的單位稱為伏特，以「V」記號來表示。我們家中所使用電線的電壓是 100 伏特，乾電池則只有 1.5 伏特。

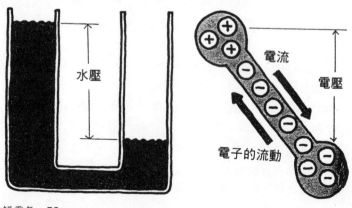

水壓

電流

電壓

電子的流動

電氣需要迴路

　　小燈泡和乾電池連接起來時，小燈泡就會立刻發亮。如果將乾電池和馬達相接，則馬達會開始運動，使小燈泡發亮。使馬達運轉的力量，即為電力。

　　此時，從乾電池的正極（有圓形物突出的那一側）有電氣流出，而通過小燈泡（馬達）流到乾電池的負極（平坦的那一側）。由於電氣如此繞了一圈，所以稱為電氣的「迴路」。

　　電氣如果沒有迴路就無法流動，例如，在家中看電視時，便是來自輸電線一側的發電廠所流過來的電氣，先經由電插座的線路傳送至電視，然後再從電插座沿著輸電線傳回發電廠，形成的電氣迴路。

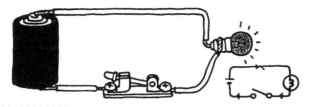

發電力等於電壓

　　水是從高處往低處流，之後，當水位的差異形成時，水就不會再流動。如果要讓水一直流動，那就必須使用幫浦等工具將水抽上來。

　　電氣也是一樣，而電池及發電機便扮演著幫浦的角色。只要電池的壽命仍然持續，或是發電機仍然繼續運轉，迴路上便會有電流通過。因為電池及發電機的目的在於製造出電位差，並產生電氣，所以電壓也稱為發電力。

備忘錄◇紙、火藥、指南針被稱為世界的三大發明。將磁鐵予以實用化的指南針，是和後來讓人類發現並利用電氣有關的重要發明。

阻礙乎？便利乎？──電阻

當我們讓水經由幫浦流動時，如果將閥關緊，水流就會減弱，放鬆，水勢就會隨之增加。再者，如果幫浦裡弄髒了，水就會不易流動。

電氣的情形也是一樣，有其阻礙，電流在迴路上流動時，有一種「電阻」的東西在阻礙其通過。

正如「電子如何活動」一項所說明的一樣，正在活動的電子將電子一個一個地逼退，所以非常不易前進，這種抵抗電子前進的力量，根據導線的種類而有所不同。電阻愈大電流便愈小，電阻愈小則電流愈大，成為大的電流。測定電阻的單位是歐姆（記號 Ω），1 歐姆是 1 安培的電流以 1 伏特的電壓通過時所產生的電阻。

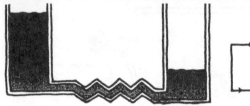

歐姆定律

水位差愈大，水會流得愈多，同樣地，電位差愈大時，電流也愈大。電位差很大時，稱為「高電壓」。將兩個乾電池和小燈泡相接，會比只用一個乾電池更明亮，那是因為電壓升高所致。

再者，電阻小時電流就變大，電阻大時電流就變小。德國的科學家歐姆經過反覆的研究之後，在 1826 年發表了「電流和電壓成正比，和電阻成反比」的法則，稱為「歐姆定律」。

能量的單位

　　能量、熱量的單位是焦耳（J）。1 焦耳表示 1 伏特的電力在 1 秒鐘之內所做的工作量。

　　目前一般都將瓦特／時當作電氣量的單位來使用，將來也許會以焦耳來表示。1 瓦特等於 3.6 公斤／焦耳。

◆和電氣有關的單位及記號

電氣量	庫倫	C	也稱為電荷。是成為電氣的基本單位，1 庫倫為 6.24×10^{18} 個電子的電氣量。
電流	安培	A	電氣的流量。1 秒鐘之內 1 庫倫的電氣量流動稱為 1 安培的電流。100 瓦特的燈泡所需的電流為 1 安培。
電壓	伏特	V	電位差。發電力，將電氣推動的力量。家庭用電插座為 100 伏特。
電阻	歐姆	Ω	電氣不易流動的程度，電阻大的鎳鉻線，會使電氣的能量變成熱。
電力	瓦特	W	這是電氣在一定的時間內所產生的能量，也就是電壓及電流的乘積。瓦特數大的電氣製品電費的花費較高。
電力量	瓦特／時	Wh	電力×時間的積。600 瓦特的電爐使用 2 小時，就等於用了 1200 瓦特時的能量。
頻率	赫茲	Hz	這是音波在 1 秒鐘之內所振動的數。以電氣而言，是指電流的方向在 1 秒鐘之內交流幾次。

以溫度差產生電氣

何爾達電池需要有兩種金屬及電解液。那麼,如果沒有電解液是否能產生電氣呢?1821年,德國的科學家塞貝克發現:假使將兩種金屬接合起來形成迴路,然後將兩個接點其中一方冷卻,另外一方則加熱,如此讓它產生溫度差,不久之後,迴線上便會有一些電流通過。

此時所通過的電流稱為「熱電流」,而發電力則稱為「熱起電力」。有「塞貝克效果」的金屬組合,稱為「熱電對」。目前有各種組合正在研究之中,表中所列的陌生名稱,是被當作「熱電對」而開發出來的合金。因為發電力不大,所以對發電無什麼幫助,只用於電烤箱及電磁爐的溫度感應器。

發現歐姆定律時,由於何爾達電池的電壓並不安定,因此,歐姆使用了塞貝克效果的發電力進行實驗。

熱　電　對		最高使用溫度
白金	白金鍺合金	1600 度
鎳鉻合金	鋁	1200 度
鎳鉻合金	銅鎳合金	800 度
鐵	銅鎳合金	800 度
銅	銅鎳合金	350 度

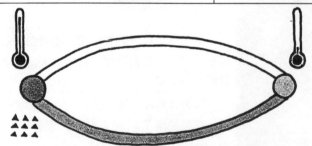

因為有溫差,所以電流能通過

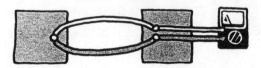

以電氣降低溫度

和「塞貝克效果」相反地,將兩種金屬相接合並使電流通過時,接點會發熱,或是被周圍奪走熱。依照電流的方向,會變熱或變冷,此一現象稱為「巴爾得效果」。

它的力量很小,所以無法利用於冷氣及冰箱,而是用於電晶體等的冷卻,也就是電子零件的局部冷卻,使用半導體時,比普通的金屬所產生的巴爾得效果更大,而所得到的(或失去)的熱量也會增加。因為沒有可動性的部份,所以,沒有震動及噪音的「電子冰箱」已經實用化了。

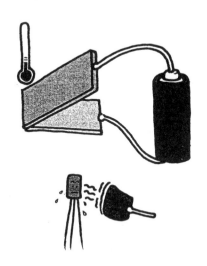

以拍打產生電

水晶及磷酸鉀等結晶,如果從一定的方向施加壓力,就會在一側產生正極,而在另一側產生負極,此一現象即為「壓電現象」。這是1880 年由居禮兄弟所發現的現象,所以也稱為「piezo electricity」

這種電氣用於瓦斯器具及打火機的點火裝置,或是超音波的發振裝置。

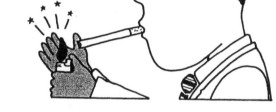

備忘錄◇全世界使用電氣最多的國家是美國,其次是舊蘇聯,接著是日本。如果算每個人平均所用的電量,則日本僅佔世界的第 20 位。有一點不可思議吧!

電子的移動方法

電子的方向和電流的方向正好相反,是從負極往正極移動,但並不是一口氣就飛躍過去。現在我們來想一想將電池的正極和負極連接起來的導線。

導線之中,存在著使其構成物質原子不易活動的自由電子。在此空間中,呈現一連串自由電子相連接的狀態。從負極被推出來的電子進入導線後,便推開在最前面的自由電子,而被推開的自由電子又會推開下一個自由電子……,好像撞球一樣,一個個電子被推到正極,只要有電壓,就會一再重複如此的過程。

電流的流動就是使電子如此去活動,電流的速度為秒數 30 萬公里,不過,這完全是一個電子從負極出發,到導線的另一端的一個電子進入正極所需的時間,當然,一個電子從負極移動到正極需更久的時間。

以上,為了便於各位瞭解電子在導線之中如何移動,而以一個電子為例加以說明,但實際上一次會有數萬個電子同時躍入導線之中,而每一個電子都會分別推開導線之中的自由電子而活動。

1 安培的電流,就是 1 秒鐘之內約 6.24×10^{18} 個電子(＝1 庫倫)在移動的意思。

■電力及動力

電力的單位稱為瓦特,此一名稱是源自發明蒸汽機的英國技師詹姆斯・瓦特。

將東西拿起來或搬運東西等普通工作的速度(工作率)稱為「動力」。以電氣而言,則特別稱為「電力」。

表示動力的單位,還有「馬力」。1 馬力等於 0.746 瓩,相反地,1 瓩的電力等於 1.34 馬力。

電流的方向和電子的動向相反

正如在「電池的構造」一項所說明的，電流的流動就是指電子的移動而言。但是，電子是從負極向正極移動，電流則是從正極流向負極。

的確，電流的方向和電子移動的動向是相反的。那是因為，我們直到最近才明瞭原子的構造，在此之前，並無人知道有電子這種物質的存在。

發現「電磁誘導」的英國科學家法拉第，必須思考電流的方向，而當時，他決定了金屬離子移動的方向是往負極走。電子脫離金屬的原子的狀態，即為金屬離子。當然，它具有和電子相反電氣。之後，當瞭解原子的構造時，就變成電子往和電流的方向相反的方向移動。

■改變電阻的物質

電阻就是電流不易流動的程度。電阻小而電流量容易流動的物質即為「導體」。電阻大而幾乎不讓電流通過的物質則為「不導體」或「絕緣體」，介於兩者之間的物質便稱為「半導體」。

自由電子較多的金屬為導體，但是，依照種類的不同，電阻也有所不同。電阻為 5 的電流最容易流動，以電阻的大小順序排列，分別是銀、銅、金、鋁、鎢。

即使是同樣的物質，依照導線的粗細及長短，電阻也有所不同。這種情形，和粗的幫浦比細的幫浦會有更多水流動，以及短的幫浦比長的幫浦水流會減少是一樣的。而電阻和斷面面積成反比例，電阻愈小，則斷面面積愈大，但和導線的長度成正比，電阻愈大，表示導線的長度愈大。如果導線較粗，電流就比較容易流動，導線較長時，電流就不易流動。

依照溫度的不同，電阻也有所不同。溫度升高時，金屬的電阻也會變大，如果是絕緣體，則電阻會變小。

改變電阻的要素，有物質的種類、導線的粗細及長短、溫度等四項。

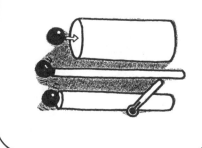

電氣的力量！

電氣會使燈泡發亮，或使馬達轉動，也可以使電磁爐發熱，它會替我們做各式各樣的工作。有了電氣的能量，它會變成光能及熱能，有時則轉換成動力而工作。

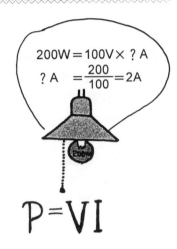

電氣的能量在 1 秒鐘之內完成多少工作的能力稱為「電力」。以瓦特為單位去測定其大小。根據規定，1 瓦特是在 1 伏特的電壓下，推動 1 庫倫電荷的電力。在 1 秒鐘之內，1 庫倫的電荷的移動稱為 1 安培。因此：

　　電力＝電壓×電流

電力量是電氣的工作量

電力是每 1 秒鐘工作的比例。相對地，在某一程度的時間內所完成的工作量，便稱為「電力量」。

當我們打掃家中時，無論是打掃得很快或是花時間慢慢地打掃，房子都會煥然一新。同樣地，當我們點亮 2 小時 60 瓦特的燈泡，或是點亮 1 小時 120 瓦特的燈泡時，兩者所完成的工作量是相同的。因此，電力量等於瓦特數和使用時間相乘的積，以瓦特／時為單位去測定，記號為 Wh。

備忘錄◇關於空調機的冷暖房能力，應該注意的是：型錄上所標示的「4.5 坪～9 坪」的說明文字。它是表示如果是木造房屋，適用於 4.5 坪大的房間，鋼筋水泥，則適用於 12 坪大的房間。

焦耳定律

　　當我們摸燈泡時，會知道它不僅有光而已，同時也有相當的熱。電氣具有在電阻較多的部份會發熱的性質。電磁爐為了要產生很多熱而利於使用，通常都利用電阻較多的鎳鉻線。

　　這種熱稱為「焦耳熱」，其熱量和導線的電阻及電流的乘積成正比。

　　這是 1840 年由英國的科學家焦耳所發現的定律。

備忘錄◇世界最大的電力公司為東京電力公司。第二位是日本的關西電力公司。
　　　　在國外其他國家，電氣事業以國營居多，所以並不能單純地比較。

磁鐵和電氣的關係

磁鐵的 N 極及 S 極的關係，很類似靜電的正極及負極。它們會互相吸引或排斥。

磁鐵的研究

我們都知道，磁鐵會吸引鐵釘或鐵砂。不僅是鐵而已，鎳及鈷等金屬也會被磁鐵所吸引。

再者，磁鐵有 N 極及 S 極，而 N 極及 N 極、S 極及 S 極之間會互相排斥。不過，N 極及 S 極之間則會互相吸引。這是和靜電的正極及負極的關係相類似的性質。

把磁鐵放在厚紙板之下，從上面撒上鐵砂，然後輕拍厚紙板，此時，鐵砂會排列成和緩的曲線。此一曲線稱為「磁力線」。

從磁鐵的N極伸出數條磁力線（總稱為磁束）通向S極，而我們認為，磁鐵會吸引距離它不太遠的鐵粉，並且沿著磁力線吸附過去。磁力可及的範圍稱為磁界或磁場。

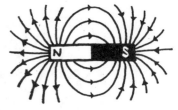

磁棒的磁力線

分子磁鐵、永久磁鐵

磁鐵有 N 極及 S 極，即使以金屬專用的切割器分成兩半，也不會形成只有 N 極的磁鐵，或是只有 S 極的磁鐵。分成兩半的鐵都各自形成 N 極及 S 極，即使將它切成 4 個或是分得更細，結果還是一樣。

我們認為，磁鐵是由比分子更小的物質所構成的，所以，將這些極為細微的磁鐵稱為分子磁鐵。

當以強力的磁鐵去接近普通的鐵時，鐵也會變成磁鐵。分子磁鐵的排列方法並不整齊，當我們再以強力的磁鐵去接近時，磁界的力量便發揮作用，而分子磁鐵便向磁力線的方向排列起來，成為磁鐵。

一般而言，若拿開磁鐵就會恢復原狀，但依照種類的不同，有時即使拿開磁鐵也仍保有磁力，這種磁鐵稱為永久磁鐵。

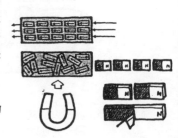

方位磁鐵的俯角

用線將磁鐵懸吊起來時，朝向北方的稱為 N 極，朝向南方的稱為 S 極。利用這種性質的有羅盤針。

以前的船員想要知道方位時，只能依賴太陽及星星，但天候不佳時就無法知道方位。後來發明了方位磁鐵，船隻才能隨時安全地航行。

磁鐵指向南或北，那是因為整個地球形成一個大的磁鐵所致。

方位磁鐵在赤道附近是呈水平的，但只要向北極或南極移動就會逐漸傾斜，而在北極點或南極點則會垂直豎立。那是因為，它只和整個地球磁鐵的磁力線同樣方向，所以稱為俯角。

除了琥珀之外，英國的吉爾伯特也發現了各種會產生靜電（摩擦電氣）的物質，對磁鐵進行了深入的研究。他將磁鐵礦石分割為地球的模型，以說明俯角的現象。

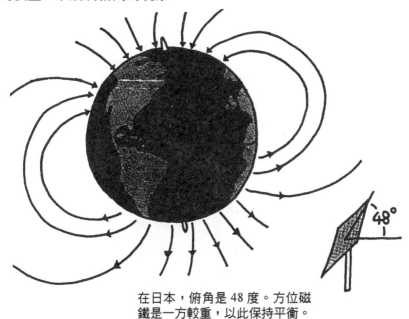

在日本，俯角是 48 度。方位磁鐵是一方較重，以此保持平衡。

備忘錄◇電力的三大需要者，為機械、化學、鋼鐵等三個業種。它們消耗掉全部電力將近一半之多。

電流的磁氣作用・安培定律

　　1820 年，哥本哈根大學的艾爾司塔特教授，以何爾達電堆進行白金線通過電流的實驗時，碰巧地發現放在旁邊的方位磁鐵的指針動搖了。改變電流的方向時，磁鐵也會向相反的方向振動。將白金線和磁鐵的位置互換時，磁鐵的振動也會往相反方向。那是因為電流而產生磁界所致。

　　巴黎理工科大學的安培教授，經過研究的結果，發現了電流的方向及磁束的方向之間的關係。當導線有電流通過時，在導線的周圍會形成順時鐘旋轉方向的磁力線。他將此定律稱為「安培的右螺絲定律」。如果右螺絲前進的方向和電流的方向相同，則旋轉螺絲的便是磁力線的方向。

　　將導線繞出線圈時，磁束會重疊在一起，而在線圈的兩端出現 N極及 S 極。此時，豎起姆指以其餘的四隻手指握住線圈，讓電流往四隻手指的方向通過，拇指的方向便成為 N 極。

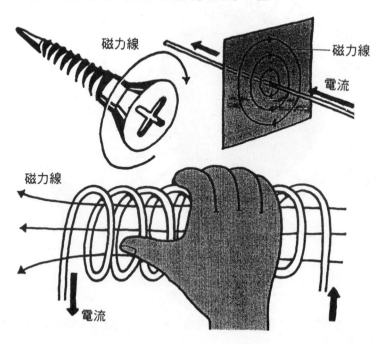

磁力線　　　磁力線　　電流

磁力線　　電流

將磁鐵纏繞成線圈

　　由於電流的磁氣作用，讓電流通過線圈時，在線圈的兩端會出現 N 極及 S 極，成為磁鐵。

　　這就是電磁鐵，如果要加強磁力，就要讓更多的電流通過，並增加線圈的圈數，如果將線圈纏在鐵上，磁力就會變得更強。

　　英國的史塔茲及美國的賀利經過一再的研究，後來電磁鐵被利用於電報機及發電機。

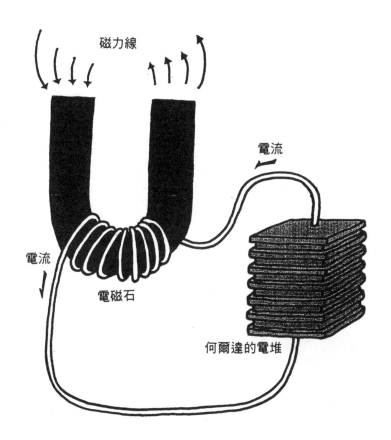

磁力線

電流

電流

電磁石

何爾達的電堆

備忘錄◇1965 年美國東部一帶突然停電了，一時引起一場大混亂，此次的騷亂也被拍成電影，名為「紐約大停電」。

電磁誘導的法則

　　將線圈及測試器連接起來，而讓磁鐵出入線圈之中時，迴路上會有電流通過。

　　如果使磁鐵出入的速度加快，電流就變大，而讓磁鐵進入及退出線圈時，和電流的方向是相反的。

　　將 N 極及 S 極互換時，電流的方向會逆轉過來，移動線圈時，電流也一樣會流動。

　　這是由於「電流的磁氣作用」，而相反於磁界的變化所產生的電氣，稱為「電磁誘導的法則」。此法則是和發電機及馬達有直接關聯的法則，1831 年由英國的法拉第所發現。

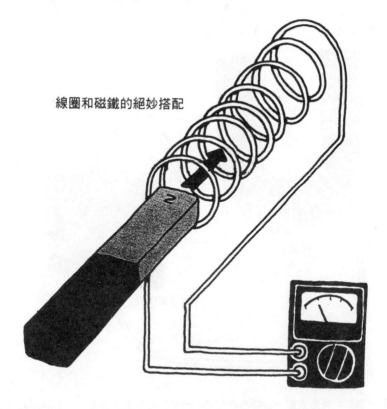

線圈和磁鐵的絕妙搭配

發電機的結構

　　電磁誘導的法則之一，是在磁界之中移動線圈便能產生電氣。雖說是「移動」，實際上卻是讓線圈「旋轉」，為了使和線圈相連接的導線不致扭曲，可以用「碳刷」將迴路連接起來。

　　讓線圈在磁鐵和磁鐵之間旋轉時，導線會好像要切斷由 N 極通往 S 極的磁力線一樣，慢慢地移動起來，所以，在用線圈及碳刷相連接的迴路上，會有電流通過。而每當線圈旋轉 180 度時，對線圈來說，電流的方向會改變，但經由碳刷，在迴路上流動的電流的方向是不變的。

法拉第所發現的電磁誘導法則，
將其實用化的發電機正式地打開
了電氣利用的道路。

備忘錄◇鎳鉻線是鎳及鉻的合金，和銅相較，其電阻較大，所以會發熱。

好強的電磁力！

馬達是「電流的磁氣」的應用。現在我們和發電機相反地，讓放置於磁鐵及磁鐵之間的導線通過電流，在導線的周圍，依照「安培的右螺旋法則」，會有磁力線循著時鐘的方向發生。

此一磁力線，會和磁鐵由 N 極通往 S 極的磁力線「合成」，而在導線的右側變成過鬆的狀態，導線的左側則呈過密的狀態。但最好應儘量保持平衡，如此才是大自然的常理。此時，導線像是被推向磁力線似地，向右移動。

也就是說，從磁力線較密的那一方，有力量正向較密的那一方移動，此一力量稱為「電磁力」。

▲和馬達的發電機正好相反。現在我們能利用電流的磁氣作用，委託電氣替我們幹活。

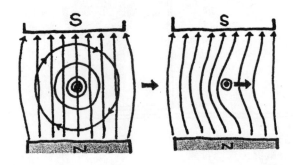

馬達的構造

　　讓電流流動以產生電磁力，藉此力量轉動轉軸，這種構造的機械即為馬達。以構造而言，和發電機完全一樣，不同的只是我們讓發電機旋轉取得電流，而馬達則正好相反，是讓電流流動以轉動轉軸。

　　讓放置於磁鐵和磁鐵之間的線圈通過電流，此時，線圈及碳刷也是用迴路連接起來。因為線圈右側及左側的電流是相反的，所以其中一方會朝上，另一方會朝下，以接受電磁力，而線圈是旋轉的。當它做 180 度旋轉時，對電流的方向而言，電流的方向會改變，但此時左右的位置已經互換，所以旋轉的方向並不會改變，一直像這樣旋轉下去。

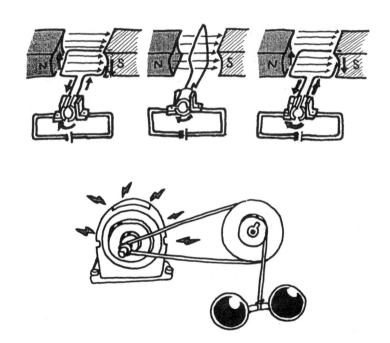

備忘錄◇交流為 AC，直流為 DC。各為 Alternating Current、Diect Current 的簡稱。意思則為「輪流的流動」、「垂直的流動」。

雷索定律

　　讓磁鐵進出於線圈時，線圈會產生誘導發電力，而和線圈相連接的迴路則會有電流通過。此即法拉第的電磁誘導法則，橫越線圈的導線愈多，所通過的電流也愈大。

　　因為有誘導電流在流動，所以，線圈瞬間成為電磁鐵，產生磁力線。當磁鐵接近磁力線時及遠離磁力線時，方向是相反的。

　　現在我們來想一想變成線圈的 N 極及 S 極，當磁鐵接近時，線圈想將磁鐵斥退，而當磁鐵遠離線圈時，線圈又會將磁鐵吸引過來。

　　誘導電流及磁力線的怪異性質，稱為「雷索定律」，雷索是和法拉第同一時期的倫敦科學家。

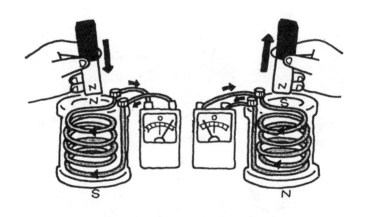

■發電機的對照即為馬達

　　據說，馬達是在偶然的情形下所產生的。1873 年的萬國博覽會中，在展示以蒸汽機發電時，負責人員不小心把發電機及發電機的迴線連接在一起，此時，停止中的發電機突然開始旋轉了，所以眾人都驚訝不已，說起來這真是具有歷史意義的「不小心」。

佛來明哥的雙手

　　由於電磁誘導而產生的電壓，稱為「誘導發電力」，其電流則稱為「誘導電流」。想要知道發電機之類的電機，導線在磁界之中移動時誘導電流的方向，可以利用「佛來明哥的右手法則」。想要知道馬達之類的電機，電流在磁界之中流動時電磁力的方向，可以利用「佛來明哥的左手法則」。

　　佛來明哥是 19 世紀後半期的人，他是一位倫敦大學的教授。為了讓學生記住電氣及磁氣的相互關係，他想出這樣的方法。在談到電磁誘導時，這是一定會被介紹的法則。

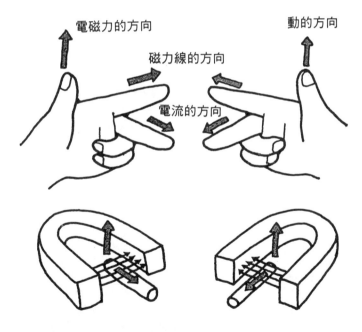

電磁力的方向　　　　　　　　　動的方向

磁力線的方向

電流的方向

右手法則說明馬達的功用
左手法則說明發電機的原理

備忘錄◇一般家庭所使用的電力量，1 個月平均約 100～200Wh，「24 小時營業」的冰箱，1 個月平均約 20～40Wh。

■動物電氣仍正確嗎？

構成我們身體的細胞，被細胞膜所包裹著，而在其中及外圍都充滿了鈉、鉀、氯等離子的溶液。各位都知道，人體的大部份幾乎都是水分。

離子並不是自由自在地通過細胞膜。在細胞膜的內外，離子的濃度有所差異。因為離子是帶電的，所以在細胞膜的內外便產生電位差。無論是神經的細胞，或是肌肉的細胞，都有這種電位差。

當神經細胞發出訊號，或肌肉收縮時，對離子來說，細胞膜會瞬間變得很容易通過。

一般而言，在細胞中比較多的鈣離子是往外流，而細胞膜外比較多的鈉離子會流入細胞中。此時，細胞膜便有電氣通過。

雖然那是微量、流量極小的電流，但只要肌肉一收縮，便會有電流通過。

以電腦測定電流的儀器，即為心電圖，而捕捉神經細胞所發出訊號的電流，即為腦波。

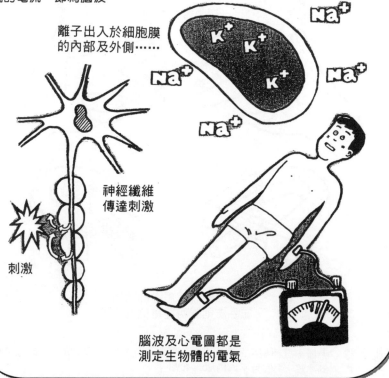

離子出入於細胞膜
的內部及外側……

神經纖維
傳達刺激

刺激

腦波及心電圖都是
測定生物體的電氣

第三章　電氣產生的途徑

製造電氣

我們日常生活所不可或缺的電氣，在發電廠是如何產生的？現在就去參觀一下吧。

電氣的長途旅行

當我們看電視或轉動洗衣機時，都是將電氣製品的電線插在插座上，以利用電氣。到了夜間，我們就打開使用電氣發亮的照明設備。

這些電氣，是從深山的水力發電廠或海邊附近的火力發電廠、核能發電廠所配送。

自來水及瓦斯，是從貯水池及貯藏塔連接長長的管子，送到我們家中來。而從發電廠所送出的電氣，是沿著很長的輸電線送到我們家中來。發電廠、變電所、輸電線及電線桿，便是電氣輸送的途徑。

電氣最初由發電廠送出時，是用 15 萬伏特到 50 萬伏特的電壓，算是非常高的電壓。途中所經過的幾處變電所，會逐漸降低其電壓，最後當我們要利用電氣時，就成為 100 伏特到 200 伏特的電壓。

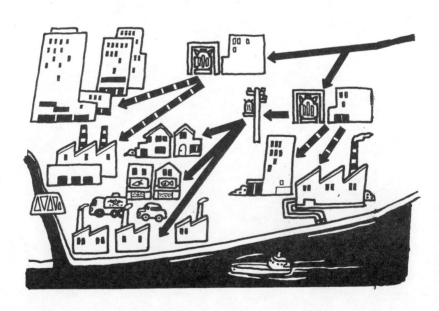

備忘錄◇如果要儘量節約電費，就要勤於關掉電源。廁所的電燈很容易忘了關掉。
如果一天能節省二小時的用電量，則一個月便能節約 3.6Wh。

以水力轉動發電機

　　關於發電機的原理，已在第二章中說明過了。至於發電廠，則是利用磁鐵在線圈之中旋轉。和摩托車的發電機一樣，都是使用交流發電機。我們騎摩托車時，是先踩踏板，以齒輪使車輪轉動，並帶動發電機。發電廠則是以水流的力量轉動稱為「渦輪」的水車，使發電機的磁鐵旋轉。

　　由於水力發電是利用自然的海水，因此並不需要燃料費，只要加減水流，便能調整出力，十分簡單（如果是火力及核能發電，要調整出力就不容易了）。不過，在建造大水庫時需破壞自然，而且費用龐大，此即問題所在。

水力發電的種類

●水路式

　　在河川的上游讓水流入水道加大落差，以轉動水車。

●流入式

　　這是先將海水引進，推動水車的方法。因為無法將水貯存起來，所以水量多時會有多餘的水，而雨水較少時，發電力會減弱。這是規模極小的發電廠。

●貯水池式（水庫式）

　　這是建造能將大雨的水及雪融化的水貯存起來的水庫，以備水量較少時使用的方法。

利用多餘力量的抽水發電

　　這可以說是水力發電廠的另一種形式。抽水發電是在上游及下游分別建造水庫，將放水後用於發電的水用幫浦抽上來，再加以利用的方法。

　　如果依照時間帶的不同，調查電氣的使用方法，會發現從半夜到早上只用白天一半以下的電力。火力發電廠及核能發電廠因為是連續運轉，所以效率較高，正因如此，半夜的電力多半會有多餘未用的。

　　抽水發電廠正是將多餘的電力送出來，以幫浦在夜晚從下游的水庫抽送到上游的水庫，而白天則和普通的水力發電廠一樣，進行放水發電。發電方法有三種，一是發電時渦輪及發電機本身成為幫浦及馬達的類型，二是渦輪及幫浦各自獨立，但發電機當作馬達之用的類型。三是以完全不同的馬達去推動其他的幫浦的類型。

上游及下游都有水庫的抽水發電廠

耐水壓的水庫的設計

●重力水庫

　　最多見的便是此類型，這是以水庫本身的重量支撐水壓的水庫。因為需使用大量的水泥，所以建造費用極高。

●岩石堆積水庫

　　在資源、材料運輸困難的地方，將岩石和小石塊堆砌起來，建造成大型水庫。以水庫本身的重量來支撐水壓，和重力水庫相同。

●拱型水庫

　　如果是岩盤堅固而寬度狹窄的峽谷，即使是水庫本身厚度不厚，只要建造成拱型水庫，便能支撐水壓。材料費也比較便宜。

備忘錄◇對電腦來說，停電是其一大致命傷。為了避免停電時電源被切斷，而供應預先充過電之電池的電力裝置，稱為 CVCF。

將熱力轉換為電氣的火力發電

火水發電是以水的流動轉動渦輪，而火力發電則是以高壓的蒸氣轉動渦輪。水力發電的渦輪 1 分鐘旋轉 125～750 次，相對地，火力發電的渦輪旋轉 3000～3600 次。出力比較大。

這是用燃燒氣鍋的水，以熱氣使水成為蒸氣，日本的燃料幾乎仰賴國外進口，所以火力發電廠通常都建造在輸送方便的海邊。如此一來，也比較靠近消耗很多電力的都市，送電的費用會比較便宜。建造費用及期間也比水庫來得少。

火力發電的缺點，在於為了防止所排出的二氧化碳造成空氣污染等一切環境保護的對策，以及當作燃料的天然資源，終有一天會用盡的資源問題，除此之外，熱效率相較於水力低了許多。

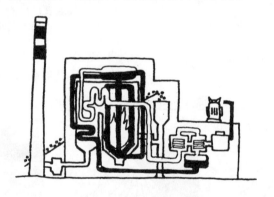

火力發電的熱效率

熱效率是燃燒燃料時熱能可以轉為多少電能的比率。

我們一般都說，汽車的燃料費高或低，而火力發電是熱能的 40％轉換為電能，水力發電則是水流能量的 90％轉換為電能，所以有很大的差別。

為了提高熱效率，已經開發了使通過氣鍋中的水產生高壓的「超臨界壓氣鍋」，以及除了普通的蒸氣鍋之外，也以蒸氣渦輪搭配「瓦斯渦輪」而發電的「組合周期」（Combined Cycle）的方法。

兩段式的組合周期

以壓縮的空氣去燃燒天然瓦斯時，利用急劇的膨脹力轉動渦輪而發電的便是「瓦斯渦輪」。這種高溫高壓的燃燒瓦斯，進入氣鍋之後，便以其熱氣將水轉換為蒸氣。也就是在蒸氣渦輪再一次發電。利用此一稱為「組合周期」的方法，熱效率可以提高43％。

因為瓦斯渦輪的起動停止非常簡單，所以，利用此方法很容易調整出力。

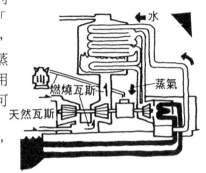

火力發電廠的燃燒物

火力發電是將石油、天然瓦斯及液化瓦斯等作為燃料使用。

石油從油田抽取上來時，是黑色而黏稠的液體，這種狀態稱為「原油」，而將它精製成重油及燈油、石腦油等石油製品。在火力發電廠是燃燒原來的原油或重油等等。

液化石油氣就是液化天然瓦斯（LNG）。天然瓦斯和煤炭、石油一樣，同為地下資源，但它是一種氣體，將它冷卻、液化，再用熱水瓶般的油罐車運輸至各地。因為它不含硫黃，所以不必擔心硫黃氧化物的危險，以及對空氣所造成的污染。

液化石油瓦斯（LPG）就是將精製原油時所產生的丙烷及丁烷加以液化。也將它當作家庭用及計程車的燃料。

除此之外，也正在進行 COM（煤炭、石油的混合燃料）及合成原油（以化學的方法將煤炭加以液化）的研究。煤炭如果以固體的型態燃燒，便會產生硫黃氧化物及氫氧化物，所以現在幾乎都不使用，但因為石油的埋藏量比較少，如果能利用煤炭，那是再理想不過的。

備忘錄◇能發出黃色光的鈉燈，即使是有瓦斯產生，光也能達到很遠的地方，所以被利用於高速公路等處的標示燈。

以核能發電

核能發電也是以蒸氣轉動渦輪，這種發電方式和火力發電是一樣的，不過，核能發電並不是在氣鍋之中燃燒燃料，而是在「原子爐」之中使鈾產生「核分裂的連鎖反應」，而以此時所產生的熱能製造蒸氣。

核分裂的熱能，是燃燒石油及天然瓦斯時，2 萬倍以上的能量。而原子爐一旦開始發動之後，可以一年內不必供應、補給作為燃料的鈾，此即為其最大的魅力。

另一方面，雖然有人對於廢棄物的放射能污染及設備的安全性都抱持懷疑的態度，但關於放射線的影響，由於原子爐是以鋼鐵及水泥雙重、三重覆蓋外部，使放射性物質不會洩露出外部。

再者，在核能發電廠的附近，裝有自動測定空氣中放射線含量的裝置，並定期檢查土壤、水源、農作物，以確定自然放射能的狀態是否有大變化。

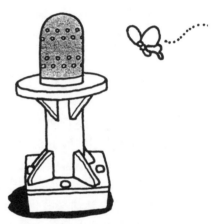

隨時在監視放射線的監視管

■**核分裂的結構**

鈾等特殊物質（稱為放射性元素），如果原子核和中子互相衝擊時，原子核就會分裂為二個，且膨脹而產生熱能，以及新的中子。

新的中子會衝擊其他鈾的原子核，再度引起核分裂，此時又有新的中子飛躍而出……，如此接二連三，一再地重複核分裂。此一現象稱為核分裂的連鎖反應。

各種各樣的原子爐

原子爐之中由於核分裂而變成高溫高熱的狀態。

再者，從分裂的鈾原子核釋出的新中子因為速度極快，所以，也有必要讓它的速度降低一點，以利於產生連鎖反應。

為了此一目的，便需使用裝有重水這種具冷卻材料、減速材料性質的特殊水質，作為原子爐，這種原子爐稱為重水爐。而使用普通水質的原子爐，則稱為輕水爐。輕水爐又分為 PWR 及 BWR 兩種。

PWR（加壓水型原子爐）是施加壓力使原子爐中的水不會沸騰的裝置，它是將變成高溫高壓的水引導至蒸氣產生裝置，而在原子爐外部製造蒸氣。

原子爐內部直接產生蒸氣的原子爐，稱為 BWR（沸騰水型原子爐），一般的原子爐幾乎都是此一類型。

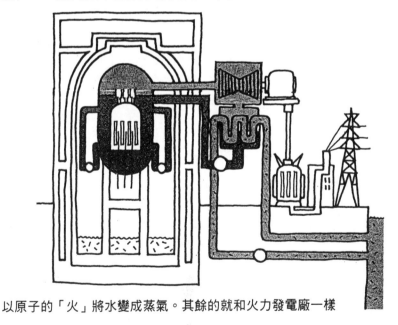

以原子的「火」將水變成蒸氣。其餘的就和火力發電廠一樣

備忘錄◇自動餐具清洗器（洗碗機）過去被認為「不實用」，但現在性能比以前好得多。可是，對於緊緊黏在碗上的米粒及奶滋烤菜的盤子……。

高速增殖爐是正在研究中的新原子爐

雖然同樣是鈾，但原子核中所含有的中子數卻不同的現象稱為「同位體」。

作為核燃料的鈾，其中子數為 143 個（陽子 92 個），也就是鈾 235 的同位體，而從礦區挖掘出來的天然鈾，鈾的成分只有 0.7% 而已，且大多數是中子數 146 個的鈾 238 的同位體，不會產生核分裂。

作為原子爐燃料的鈾 235 的濃度，使用時需濃縮為 2～4%。

鈾 238 雖然在目前的原子爐中無法產生核分裂，但是，如果吸收中子，就會變成鈽這種元素。

對於鈽，如果給予它不同於鈾的條件，將會產生核分裂。能將鈽當作燃料使用的原子爐，目前正在研究的階段，它也稱為高速增殖爐。

高速增殖爐是以液體鈉作為冷卻材料，不過，目前處理鈉的技術尚未完成。

■產生太陽能核融合爐

在太陽的內部，和核分裂相反地，原子和原子互相撞擊而成為另外一個原子，產生「核融合反應」。此時也和核分裂一樣，產生大量的熱能，而「融合爐」便是想以人工的方式產生此一反應。它是將氫的同位體二重氫及三重氫加以融合，使它變成氦這個元素，所以並沒有放射能的危險。

問題在於是否能使此一理想的能源和太陽的內部溫度一樣，保持一億度以上，並予以密封起來。目前，各國都為了實現此一目標，而正在進行研究之中。

等待實用的發電法出現

●燃料電池發電

將水加以分解之後，就成為氫和氧，那麼，讓氫和氧產生反應而引起電氣時，是否可以發電呢？而且是否會產生污染及噪音？關於此一想法，根本無需擔憂。因為沒有空氣污染及噪音的潔淨發電方法，已經在太空船的電源方面被實用化了。為了將它利用於大規模的發電，需視如何更便宜地獲得純粹的氫而定。

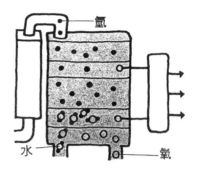

●MHD 發電

導體在磁界中移動時，會產生電流，此即法拉第的電磁誘導原則。除了金屬等導體之外，燃燒石油時的高溫瓦斯及電子變成分散而到處迸濺的磁漿（磁流體）的狀態，所以具有導電性。MHD 發電，是使具有導電性的高溫的燃燒瓦斯通過磁鐵而產生電流。

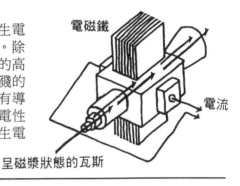

●熱電子發電

當太陽能電池照射到光線時，會有電子飛躍而出。在真空的狀態下將金屬板加熱，也會有電子飛躍而出。此時，以另外一塊金屬板捕捉住該電子，而將兩塊金屬板以導線連接起來，就會有電氣通過。在此一結構下，由於能將熱能直接轉換為電能，因此是效率極佳的發電方法。

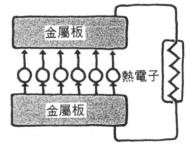

備忘錄◇和使用石油作為燃料的汽車相較，電動汽車算是低公害的車種。職業棒球的換班車、高爾夫球場的運輸車、送貨用的二噸車，都是使用這種電動汽車。

各種發電方法

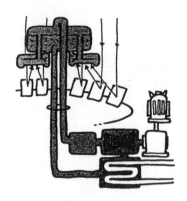

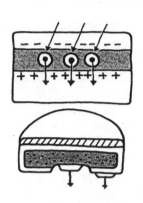

●太陽能發電

　　以反射鏡將太陽的熱聚集在一個地方，使此處有如沸騰的開水一般，然後以其蒸氣轉動發電機的渦輪。

●太陽光發電（太陽能電池發電）

　　利用光電效果，從太陽的光（並不僅限於太陽的光）直接製造電氣。小規模的太陽光發電，便是大家所熟悉的電子計算機。也用於人造衛星的電源。因為是將兩極真空管組合起來的太陽能電池，所以價錢愈來愈便宜，而大規模的太陽光發電廠，也有可能在不久的未來被實用化。

●地熱發電

　　在火山地帶，往往有地下水，由於火山的熱氣而變成蒸氣噴出。地熱發電便是以此蒸氣轉動渦輪。因為地熱無法加以抑制，所以可能無法供應安定的電力。

●風力發電

　　以風車來發電。它和流入式的水力發電是一樣的。離島的電源研究，目前正在進行之中。安定的電力供應及效率良好的風車的開發，即為問題所在。

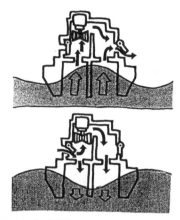

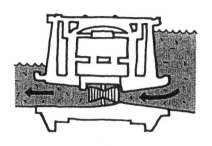

●波力發電

　　以閥調整由於波浪的高低所
產生的氣流，去轉動渦輪。小規
模的波力發電，已被採用於航路
標示用之燈塔的電源。

●潮汐發電

　　漲潮時將海水貯存起來，而
退潮時將水放出，也就是以水庫
式水力發電的要領去發電。

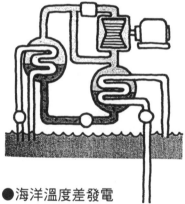

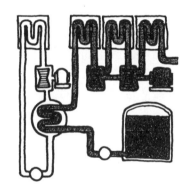

●海洋溫度差發電

　　這是將氨等容易氣化的液體
加熱或冷卻而發電的方法。用海
面附近的水加熱，氨會沸騰而變
成氣體，轉動渦輪之後，再用深
海的水冷卻，加以液化，此即海
洋溫度差發電的循環周期。

●LNG 冷熱發電

　　被運輸過來的石油變成液化
天然瓦斯（LNG），以其膨脹力
轉動渦輪的發電方法。

備忘錄◇「瓦特，請你到這兒來！」這就是發明電話的貝爾所說的第一句話。它
　　　　沒有像賈桂林及阿姆斯壯在月球上所說的話那麼地別出心裁。

輸送電氣

從發電廠將電氣送到我們家中來的輸電網，為了有效率地輸電，專家們下了各種工夫。

直流及交流的差異為何？

以乾電池使電流通過迴路時，還有點亮燈泡時，以及轉動馬達時，電壓都是一樣的。但是，從電視取得電氣製品的電源時，電壓及電流的方向會以一定的周期產生變化。

電壓及電流不變的稱為直流，而產生周期性變化的則稱為交流。發電機的原理即是利用法拉第的電磁誘導法則。

法拉第認為：「讓磁鐵和線圈互動時，線圈（迴路）之中會有電流通過。」（雖然轉動磁鐵及線圈兩者的任何一個都可以）以讓磁鐵在線圈之間轉動為例（此一類型的發電機），磁鐵在接近線圈之後便遠離，而每次如此轉動之後，通過線圈的電流會改變其方向，電壓則會增加或減少。

發電廠所用的便是這樣的交流發電機，所以送到我們家中來的電氣也是交流電。

雖然也有直流的發電機，但比較少用。它是使用稱為整流器的裝置使電壓不變，以取得電氣。

交流的電壓是如何決定的？

如果說電壓經常都在變化的電氣便是交流電的話，那麼，電壓100 伏特，此一數字代表什麼意義呢？

交流的電壓稱為「實效值」，它是以一種平均值來表示。

（某種強度交流的電氣）和直流100 伏特做同樣的工作時（點亮燈泡、轉動馬達……），其交流的電壓（實效值）便是 100 伏特。

實效值為 100 伏特的交流電，電壓最大約為 141 伏特。為了要輸送電力，在製成迴路時，如果是使用交流電，那就必須在設計時讓電壓有所餘裕。

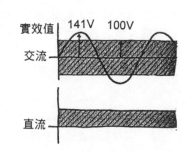

三相交流時不需要迴線

要輸送電力時，必須有迴路。將發電廠和我們家中連接起來的輸電線也應有二條。但從發電廠輸電時，是使用稱為「三相交流」的三條電線的方法。當觀察變電所及輸電鐵塔時，就會發現輸電線都是三條成為一組。

發電廠的發電機，是使用位置各相差 120 度的三個線圈，並在線圈之中轉動磁鐵而發電。此時，三個線圈會稍遲一些產生電壓，如果將時間（磁鐵的轉動）和每個線圈之中所產生的電壓畫成圖形的話，就會成為形狀完全一樣，各往三分之一旋轉（120 度）的三條波浪狀線條。此一現象稱為「產生三相的交流電」。不管任何一個瞬間，三相的電流、電壓的合計均為零。

輸電時，將三個線圈的一方連接於一處，而另一方則和輸電線連接起來。不管將三條電線中的何任二條組合起來，也都能取得相同電壓的交流電。從三條電線中選出二條加以組合的方法，共有三種，所以，「三相交流」應使三倍於三條輸電線的電力來輸送電氣。

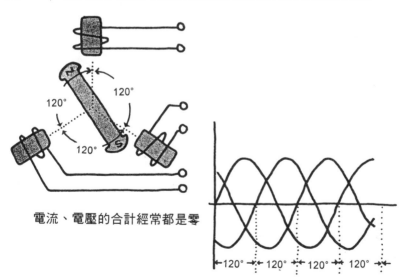

電流、電壓的合計經常都是零

備忘錄◇頻率為 30～300MHz，波長為 1～10 公尺的超短波即為 VHF（Very High Frequency）。

高壓輸電的失誤較少

從發電廠出去的電壓是 50 萬伏特！為何用那麼高壓的電壓輸電呢？那是因為輸電折損率的緣故。

通過輸電線的電線，因為輸電線本身有電阻，所以有一部份會變成熱氣散逸於空中而消失掉。此一部份因為變成熱能，所以根據焦耳定律，是和電流的平方成正比。

既然如此，輸電時若是讓電流儘量少一點，則折損率就會減少。

電力量是電流和電壓的乘積，所以為了儘量減少電流，應以稍高的電壓來輸電。

輸送線的高度及電壓

支持輸電線的鐵塔，稱為輸電鐵塔。愈是搭建在高處的輸電線，所通過之電氣的電壓便愈高。

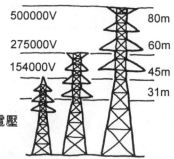

高度＝高電壓

■電量放電（環形放電）

升高電壓時，焦耳熱所造成的輸電損失就會隨之減少。不過，此時稱為「電量放電」的現象也較容易產生。那是因為由於高電壓而使周圍的空氣變成離子狀態（空氣成分中的電子脫離某一物質的原子而到處活動），從輸電線放電，而高壓輸送也有其極限。

為了防止發生電量放電的現象，以二條或四條電線去輸電的方式，即為多導體方式。

輸電線的研究

除了升高電壓、減弱電流之外，有沒有其它減少輸電損失的方法呢？如果導線的斷面面積愈大，則導線的電阻就會變小，有此一法則。

因此，以如此粗細的輸電線來輸電即可。當然，導線的材質也應該選擇電阻少的導體。同時，為了考慮到成本的問題，在實際裝設輸電線時，是使用鋁鎳線及鋼線，將數條線捻合在一起。

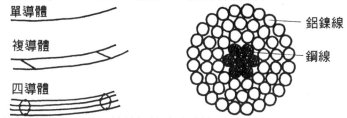

單導體

複導體

四導體

鋁鎳線

鋼線

電線也轉進地下

為了以良好的效率進行輸電，高壓輸電的方式比較有利。但在都市若是搭建高壓線，不但很危險，而且也有礙觀瞻。因此，目前正在進行將輸電線埋入地下，也就是輸電線地下化的研究。

地下輸導的電線，是以油浸絕緣紙等材料包裹，將它形成數層的絕緣層。

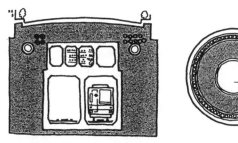

洞道式地下輸電線

乙稀覆膜

絕緣體

導體

金屬遮蔽層

備忘錄◇UHF 即為 Ultra High Frequency。相較於 VHF，其波長更短，通常為 10 公分～1 公尺。頻率為 300MHz～3KHz。

漩渦電流會形成阻礙

變壓器是在鐵心上纏繞兩個線圈,而鐵心則是以數塊鐵板相疊而成。

電流通過線圈時,鐵心會產生磁力線。因為鐵心也是一種導體,所以,電流會通過鐵心本身。此一現象稱為「漩渦電流」,此部份的電能會變成熱氣而散逸。

有鑑於此,需將表面塗有氧化膜的鐵板相疊起來,儘量不讓電流通過。

再者,線圈本身也有電阻,所以,入力那一方比出入那一方線圈的圈數增加約一成的變壓量。

游渦電流

將鐵板重疊起來以防止漩渦電流

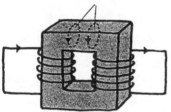
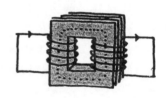

■利用軌道讓電車行駛的發電方式

電車是從電弓架取得電氣,而其所接觸的輸電線只有一條而已。輸電時,需要二條輸電線,但此時由軌道扮演另一條輸電線的角色。地下鐵則連一條輸電線都沒有,為了輸電,有時需使用第三條軌道。因為這種做法非常危險,所以,行駛於地上的電車絕不能使用此一方法。

電車的馬達或是直流或是交流,各不相同,所以,有時不能將發電廠所輸送的電力加以利用。有鑑於此,在線路的旁邊用電車專用的變電所。日本新幹線就是在車輛之中將交流電變換為直流而加以利用。

備忘錄◇擁有業餘廣播許可的人,通常被稱為「火腿族」,而在美國,「火腿」是指很差勁的演員而言。

以變壓器簡單地變壓

　　為了更有效率地輸電，利用超高壓輸電方式會比較有利，但當電氣到達我們手邊時，必須將電壓降低 100 伏特或 200 伏特。

　　此即為何從發電廠送出交流電的原因。因為交流電的一大特徵便是使用變壓器便可簡單地變壓。

　　變壓器的原理十分不單純。在鐵心上纏繞兩個線圈，讓交流電通過其中一個線圈，如此一來，就會依照電磁誘導的法則，在另一個線圈通過和所纏繞圈數成正比的電氣。比方說，在纏繞 200 圈的線圈通過 200 伏特、1 安培的電氣時，在相反那一方纏繞 100 圈的線圈裡，就會通過 100 伏特、2 安培的電氣。

　　變壓所所使用的變壓器是大型的，而超小型的變壓器則被使用於收音機及電視等電氣製品。

變電所的任務

　　發電所中發電機所產生的電氣，一般為 1、2 萬伏特，而以發電所中的發電端變電設備將電壓升高為 15 萬伏特以上，再送至各地。這些電氣經過處理 50 萬伏特及 27 萬 5 仟伏特電氣的超高壓變電所，處理 15 萬 4 仟伏特電氣的一次變電所，以及中間變電所，將電壓降低為 2 萬 2 仟伏特，而通過配電用變電所時，已經降低至 6 仟伏特。最後，以裝設於電線桿上的桿上變壓器，將電壓降低為 100 伏特或 200 伏特，將電氣配送至我們每一個家中來。

備忘錄◇電視機及個人電腦的色彩，是一種影像的組合，也就是紅、藍、綠的組合。各位應該聽過以 Red、Green、Blue 的第一個英文字母組成的「RGB」一詞吧。

最後的變壓——桿上變壓器

從發電廠輸送電力至配電用變電所的過程，稱為配電。

6000 伏特的高壓線、200 伏特的低壓動力線、一般家庭用的低壓電燈線等等支撐配電線的設備，稱為配電柱，也就是俗稱的電線桿。電線桿上裝置了桿上變壓器，進行最後的變壓。

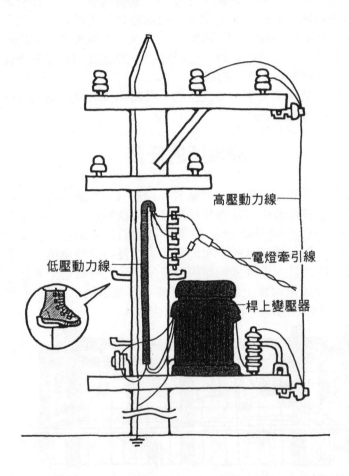

高壓動力線

電燈牽引線

桿上變壓器

低壓動力線

第四章　日常生活中的電氣

屋內配線

電氣到我們家中後,被配線至各房間的插座及照明器具,現在我們來看看屋內配線吧。

牽引電線的地方

以桿上變壓器將電壓降低為 100～200 伏特的電氣,並將電氣引進我們每個家庭的電線,便是牽引線。

將電氣引進家中的方法,有單相二線式及單相三線式兩種。

從外面牽引進來的電線,以平坦型的隔電器裝在房屋的地方,為牽引電線的地方。為了要讓此方引人注目,是使用紅色及黃色的管子(稱為分界管)纏繞起來。到此為止,即為電力公司的設備,由此以外的設備,都是各家庭的設備。

最近,在住宅用地內豎立其中放置電錶箱的牽引線小柱,從那裡用地下線配線至住宅中,以避免破壞建築物的美觀。

EE柱

電力量計（電錶）

　　每個家庭的電氣使用量，是依據牽引線先端所裝置的電力量計為準。夾住線圈之間的鋁製圓盤，以齒輪帶動的數字盤，依據電力的大小，圓盤的轉動速度會變快或變慢，隨之數字盤上數字也增加。

分電盤是一個管制室

　　牽引線中的電氣，通過設置於屋外的電力量計後，在屋內的分電盤則分成若干迴路，只要其中一個電氣器具發生問題，家中的電氣全都會熄滅。為了避免此一情況，在使用電氣時，如果大量的電氣通過其中一個迴路，就會發生危險，所以分電盤的設備在此之後稱為分歧迴路。

　　分電盤裝有斷電器及配線用遮斷器，也有像裝著保險絲一般的安全器。漏電遮斷器也是裝置於分電盤之上。

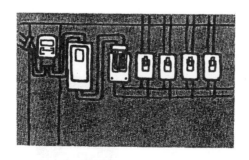

備忘錄◇以放大鏡看電視的映像管時，可以看到影像是由很細小的點集合而成。
　　　　這樣的點稱為粒子。

遮斷器

家庭所必要的電力量，是預先和電力公司訂了多少安培的契約。如果一次使用太多電氣器具，通過超過契約的電氣時，電氣就會自動停止下來。遮斷器依照所訂契約的安培數，以顏色區分。紅色為 10 安培，粉紅色為 15 安培，黃色為 20 安培，綠色為 30 安培。

大可放心的漏電遮斷器

屋內配線的電纜如果有損壞或被水滲透，就會漏電而成為火災的原因。發生漏電時，引起動作而將迴路遮斷的，即為漏電遮斷器。

沒有漏電遮斷器時，便需找電力公司洽商，請電氣工程行替我們裝上。

以分歧迴路分散危險

電燈迴路及電線迴路，都是以分電盤分支至各房間，這就是分歧迴路。

在同一個分歧迴路使用過多的電氣製品，或由於短路而使用配線用遮斷器斷電，也不會影響到其他的分歧迴路。

諸如冷氣及微波爐之類用電力較多的器具，建議各位，預先準備好微波爐專用的分歧迴路。

各個的分歧迴路，是通往哪一個房間，是電燈線用或冷氣用，如果在分電盤的配線用遮斷器上寫出用途及位置，相信會便利許多。

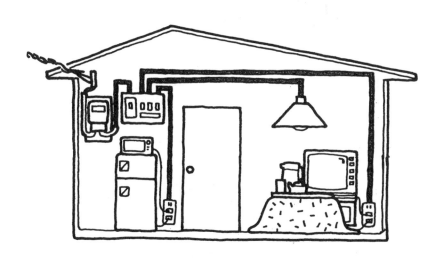

新建或改建時，應善加注意分歧迴路如何安排，注意屋內配線。

備忘錄◇以放大鏡看電視畫面時，會看到紅、藍、綠色的細點。通常看起來黑色的部份，只是明亮度比周圍暗一點而已，而且沒有黑點。

只有一個旋轉鈕的配線用遮斷器

　　配線用遮斷器裝置於每一個分歧迴路上，當短路時，迴路會自動切斷，而將分歧迴路的電氣停止，所以，如果在每一個分歧迴路標示電氣通往何處，就會便利許多。

　　當發生短路的狀況時，就立刻停止使用電氣器具，將脫落的配線用遮斷器的旋轉鈕推上去，即可恢復原狀。

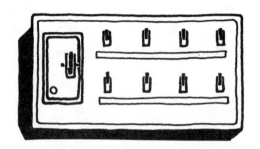

保險絲會斷掉的安全器

　　有時不是裝設旋轉鈕式的配線用遮斷器，而是裝設白磁製的安全器。這種安全器之中，一般都是裝了 15 安培的保險絲。當我們在同一配線使用太多電氣器具，或是電氣器具的電線短路，而分歧迴路流入大量的電氣時，保險絲就會溶化（斷掉），立刻將電氣切斷。

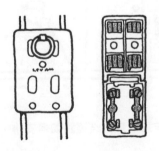

打開蓋子可以更換的保險絲

　　用力打開安全器蓋子的圓環，然後將蓋子稍用力向右推，便能將它完全拿掉。用螺絲起子將螺絲弄鬆，拿掉已經斷掉的保險絲，裝上新的保險絲，再將蓋子蓋好。

　　此時，保險絲應使用有形式認可標誌的保險絲。這種保險絲，在電器行及電力公司的窗口即可買到。如果以鐵絲代替，使用電氣過多時，只會過熱而不會起火，無法將短路的電線切斷，所以一定要準備正規的保險絲。

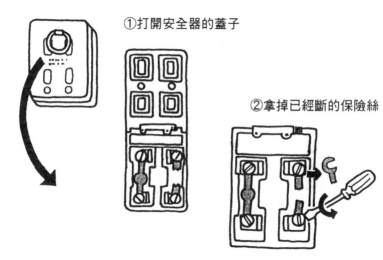

①打開安全器的蓋子

②拿掉已經斷的保險絲

③裝上正規的保險絲

備忘錄◇電視機布朗管（Braun tube）區域和區域之間的間隔稱為調節距。普通的電視為 0.3 或 0.4 公分。數字愈小影像愈細也愈鮮明。

200 伏特的時代來臨了

家庭用的電力通常都是 100 伏特，如果使用 200 伏特，則電氣製品的力量及速度就會大大地提高。

以電壓 200 伏特提高速度

已經開始普及的洗碗機、烘衣機等電氣製品，由於容量較大，因此，電力的消耗量也很大。冷氣機、洗衣機等電氣製品也逐漸提高力量，變成高性能的器具。

電流×電壓即為電氣的工作量，所以，要做同樣分量的工作時，與其使用 100 伏特的電壓，還不如使用 200 伏特的高電壓，使電器運轉，將使用的時間減為一半。這樣一來，不但較有效率，而且也比較符合時代的省時觀念。

為了利用 200 伏特的電源，在做屋內配線時，應裝設 200 伏特用的分歧迴路，以及專用的電線插座。為了避免插座的形式和 100 伏特用的插座弄混，其中一個插孔做成鑰匙形。

單相二線式及單相三線式

從發電廠以三相交流的高電壓所輸送的電氣，在變電所逐漸降低電壓，然後以電線桿的桿上變壓器將電氣轉換為 100／200 伏特的單相交流。也就是位相有所差異的三相電氣之中，取出一部份。

單相交流，是以三條電線的單相三線式為輸電方法。在三條電線中，中間的那條稱為「中性線」。中性線和外側的電線之間的電壓為 100 伏特，而外側的電線和外側的電線若是連接起來，便可獲得 200 伏特的電壓。

過去一般家庭用的電源，是從單相三線式的配電線，也就是從外側的電線或中性線之中牽引任何一條，以利用單相二線式 100 伏特者居多。

消耗電力較大的電氣機器逐漸增加的現在，將單相三線式的電線直接牽引到家中，也能使用 200 伏特電壓的方法，已經日益增加。

■世界的家庭用電源的電壓是多少？

英　國	240／415V
法　國	220／380V
美　國	120／240V
日　本	100／200V

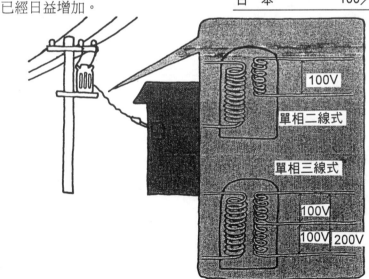

100V

單相二線式

單相三線式

100V

100V 200V

備忘錄◇錄音機所錄下的聲音，聽起來並不像是自己的聲音。那是因為，我們平常所聽到的聲音，是傳自空氣的聲音和傳自體內的聲音所合成的。

分歧迴路電路的粗細

　　屋內配線所使用的電線，依照規定是直徑 1.6 公厘以上。這種電線所容許的電流，在通風良好的地方為 27 安培左右。通過牆壁之中及天花板裡側的配線，則至多 20 安培左右。直徑 1.6 公厘的電線稱為「點 6」。而使用電氣較多的房屋的配線，需使用直徑 2 公厘的電線。電線的粗細，視分歧迴路的長度如何而有所不同，距離分電盤 20 公尺以內的配線，只要使用「點 6」即可。全長 20 公尺以上的分歧迴路，從分電盤到最初的電燈插座或迴路的分歧點為止，是用直徑 2 公厘的電線，再過去就用「點 6」。超過 30 公尺的配線，便全部使用直徑 2 公厘的電線。

　　這種電線，通常稱為「F 電纜」，它是一種乙烯絕緣電線。

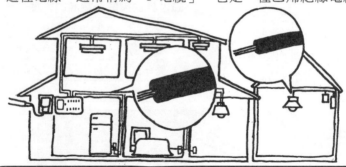

■小心延長線

　　電氣器具及電線都有一定的規格，並標示於上面，所以，我們應注意不要有超過規格以上的電流通過。

　　埋入式的插座數量較少，或是所設置的位置不佳時，有時我們會以延長線從插座處取得電源。大部份的插座的規格電流是 15 安培，而延長線只有 7 安培左右。如果在延長線接上 600 瓦特的電鍋及電烤箱，就會各有 6 安培的電流通過（歐姆定律），所以，一共有 12 安培的電流，遠超過電線的規格以上而容易發生危險。

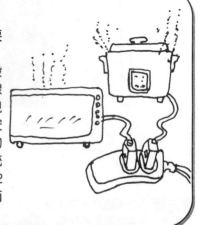

遵守規格而安全地運轉

　　埋入牆壁之中的屋內配線的電線，所容許的電流為 20 安培，前面已說明這點。

　　所謂容許電流，便是某條電線所能通過的最大電流。電線即使不是規定的規格，電流也一定是規定的容許電流。現在我們來看房間中的電線插頭，上面寫著「15A125V」。也就是所容許的電流為 15 安培，所容許的電壓為 125 伏特。在其旁邊有▽的符號及標誌。此一標誌是表示已經通過根據電氣用品取締法所訂立的法律，在安全性的審查上並無問題，而號碼則為「型式認可號碼」。

　　除了▽這個標誌之外，還有一個⊤，這個標誌是比剛才的▽危險性更低的項目，已經通過審查之意。

　　容許電流、容許電壓稱為「定規」，而燈泡、燈管等電氣製品也都有一定的規格，或是寫在上面，或是貼上印好的標籤。

扇形電熱器　HX800
製造號碼 93033
▽91-29606NAO
100V 890W 50-60Hz

■危險！不要在同一個插座上插太多插
　頭
　　在家庭電氣製品尚未普及之前，已經蓋好的建築物由於插座的數量較少，所以，往往從天花板垂吊下來的電燈線裝設雙股插座，接引許多電源。但是，電燈線所規定的電流是 7 安培，於是很容易使用超過限度的電流。此時，請電器行為你增加插座，這樣會比較安全。

備忘錄◇超電導的實驗中，用於冷卻的液體氮及液體氦是兩大「主角」。液體氮可以很簡單地製造出來，但液體氦就很貴了。

電氣用的小道具

現在給各位介紹家庭所利用之電氣的小道具，例如照明器具的燈頭、電線、開關及插座等等。

各種配線器具

燈 頭

就是指將燈泡旋轉進去的接受口而言。小的如聖誕樹小燈泡所用的燈泡，也有像聚光燈使用 300W 以上電力的燈泡，種類繁多。

從天花板垂吊著，而安裝 100W 左右的燈泡插座，承受口則裝上 Key Socket，轉動 Key 讓燈泡點亮或熄滅。

也有以繩子拉的 Pull Socket、雙股插座等等。

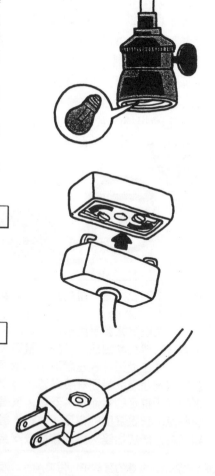

天花板插座

這是裝在天花板上的插座，使電線垂吊下來。插座的蓋子是扣住式的，只要向左旋轉，便能連電線一起拿下來。

插入式插頭

這是裝在電線末端，從電線插座取得電氣的道具。形狀呈扁平型，考慮到插入或拉出時比較容易，而常使用這種扁平型的插頭。洗衣機則是使用牢固而不易損壞的橡皮製插頭。

備忘錄◇零下 273 度為絕對零度，無論如何冷卻，溫度也不會再降低。

器具用插頭

　　是裝在電鍋等器具的插頭。有的上面也附屬了開關。因為它適用於利用電熱的製品，所以需使用耐熱性較高的材料。

　　由於插頭附近的電線容易毀壞，所以，需以金屬將它纏繞起來，以增強其牢固性。

分歧用插入式插頭

　　這是插入插座而能取得 2～3 種電源的插頭。

　　有時，需將它用於隱藏在碗櫥背後的電線插座，所以也有可以折疊的設計。

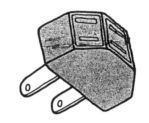

整套式插頭

　　擁有插頭、插座及電線，並有 2、3 組插孔。這是插座較少時常用的插頭。

　　不過，對於其所使用的規格應予注意。將電線釘在柱子上，使它固定而使用時，電線可能會損壞。

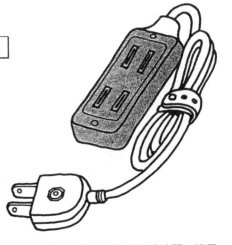

備忘錄◇第一個發現超電導現象的科學家歐奈斯，居然有二年之久的時間，讓電氣繼續通過鉛製的線圈。科學便應如此腳踏實地去研究。

這些地方應裝設電線插座

當我們在考慮屋內配線時，在我們現代的生活之中，幾乎無法想像沒有電線的房子。如果一個房間最少沒有二處電線，想必非常不方便。尤其希望有二條線路的地方是廚房。冰箱專用、通風扇專用、流理台上，任何一個角落，起碼也要有插座，所以應有四個地方需要電線。

除了冰箱、通風扇之外，微波爐、洗衣機、電視、立體音響最好也有專用的插座。

在設置時應考慮到是否有吸塵器電線插不到的插座，再者，如果在床鋪附近設置插座，那就更理想了。插座的裝設位置，如果妨礙到門的開、關，就不是理想的設計，而且也要注意不要讓它裝在某種東西的背後，儘量選擇柱子附近或通路等不放置物品之處。

插座也有裝在柱子上的露出型插座。不過，通常是埋入牆壁之中的隱藏式插座。設置在床上，有必要時將它拉出的伸縮式插座，目前也逐漸普及了。

能同時接續洗衣機等的接地式三孔型插座，以及在戶外下雨時也能放心的防水插座，都十分安全，它們都是基於安全的考慮而設計出來的產品。插孔口成為 T 字型的插座，是用於大電流或超過 100 伏特的電壓，以及直流電流。

現在已變得很方便的開關

　　代替需墊腳旋轉鍵（Key）以打開開關或熄滅之類的燈泡照明，現在已有以繩子拉動開關方式的日光燈，這種燈具已經成為主流，不過，最方便的仍是裝在牆上的開關。這種開關，通常裝設於各房間的出入口附近等適當的位置。

　　浴室、廁所、儲藏室等處，是在走出外面之後才關掉開關，所以應將開關裝設在門外。關掉開關後，通常經過短暫片刻照明才會完全熄滅，或是通風扇才會停止的開關，也很便利。也有一種感應器，專門用於感應是否有人在而自動讓電源通過的開關。

　　在寢室的出入口、床頭或樓梯的上下，如果使用三路式開關的話，在兩側都能將房間的燈點亮或熄滅，十分方便。除此之外，也有開關的按鈕做成標示燈，每次打開或關掉 on／off 時，都會點亮燈具或熄滅燈具。尺寸較大的開關也很常見，不過考慮到使用時比較方便的開關也不乏其例。

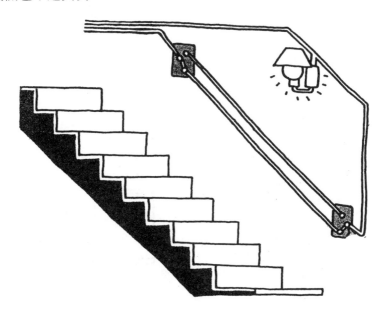

備忘錄◇超電導對呢，還是超傳導才對呢？工學科系的專家在撰寫超電導的書籍，而物理科系的專家似乎以超傳導的書籍居多。

電線的種類

電氣製品的電線有很多種。

其中以平型的乙烯電線最多,通常用於電視、收音機、檯燈等家庭電氣製品。

非常耐熱的電線是用於電熱器、被爐、熨斗的電線。它是用布覆蓋而鼓起的袋型電線。至於圓型則很類似袋型電線,不過它裡面有填充物,不易彎曲,所以常用於由天花板垂吊而下的燈具。

耐濕性強且很牢固的橡皮電線,因為有乙烯及橡膠作為外層保護膜,所以適合用於電動工具、冰箱、洗衣機等有水的地方,吸塵器也是使用橡皮電線。

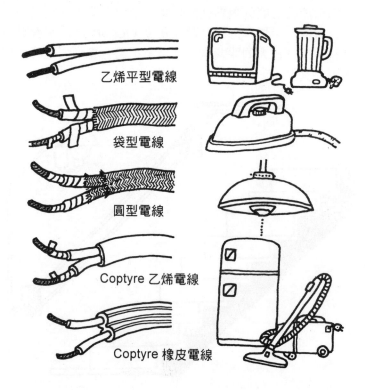

乙烯平型電線

袋型電線

圓型電線

Coptyre 乙烯電線

Coptyre 橡皮電線

電線的容許電流

由於視導線的粗細電阻會有所不同，所以通過之安全電流的量也各不相同。

所謂「公稱斷面積」，即為表示導線粗細的數字，只要看數字的大小，便可知道它所能容許的電流為多少，沒有標的標示，也可從斷面積知道其容許電流。

公稱斷面積	素線數	素線直徑	容許電流
0.75mm²	30 條	0.18mm	7A
1.25mm²	50 條	0.18mm	12A
2.0mm²	37 條	0.26mm	17A
3.5mm²	45 條	0.32mm	23A
5.5mm²	70 條	0.32mm	35A

＊電線的導線，為了要使電線更容易彎曲，通常將素線的細電線捻合起來。電視機等電器用具的電源電線，一般是使用公稱斷面積 0.75mm² 的電線。

功率的大小決定於安培數

電力即為電流和電壓的乘積，而電氣製品所消耗的電力，實際上不能僅僅如此便求出。

讓裝在迴路的線圈及調節器通過交流電時，電流和電壓的關係會產生微妙的偏差，所以，必須讓更多的電流通過。此一作用以「功率」的數字來表示。

電暖爐等電熱器具的功率為100％，而使用馬達的器具、日光燈、電視機等的功率比較低，消耗電力 100W 的電視機，其功率約為90％。插座的電壓為100V，電力為100W，原本認為只需 1A 的電流便足夠了，但功率如果是 90％，便只能有 90W 的工作量。所以，收看電視就需要 1.12A 的電流。

■電氣器具的功率

燈泡、電熱器	100%
日光燈	60～70%
風扇	60～70%
收音機、電視	90%

備忘錄◇加熱時會有熱電子飛躍而出的是三極管。沒有加熱的必要，既沒有玻璃也沒有真空的三極管，已取代真空管。

簡單的修理由自己動手

配線工程及電氣製品的修理，如果以不適合的材料做了錯誤的處置，就會成為將來發生意外事故的危險因子。

沒有執照也能做的是……

根據法律的規定，如果沒有「電氣工程士」的資格，是不能從事電氣工程的。但是，即使是一般人，簡單的修理工作卻是被允許的。

安全器的保險絲更換，或是電線、燈頭、插頭、開關等的更換，電鈴（蜂鳴器）及對講機的配線工程，即使沒有執照，也沒有問題。

要換露出型的插座時，一定要打開安全器，或是將配線用遮斷器取下，將電源切掉之後再更換。不可以拿乙烯電線來代替袋型電線，而在安全器上裝置鐵線，這種情形絕對要避免。

齊備所有的工具

電線或導線斷線時，希望自己也能簡單地焊接，起碼做到此一地步。現在來為各位介紹修理用的工具及道具。這些都能在五金店及大賣場買到。

起 子

如果有正、負各種大小不同的起子四、五支，就會便於工作。

在特殊的起子方面，有把手部份以絕緣素材製成的絕緣起子，也有電來時柄（把手）的燈會亮起的檢電起子，還有前端是磁鐵，螺絲會附著於其上的磁性起子。

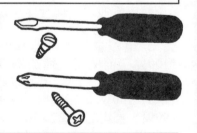

螺絲起子、成套的扳手、活動扳手

螺絲的大小有許多種，所以要準備好四、五支整套的工具。如此才可根據螺絲帽的大小調整扳手的寬度，這是比較大的螺絲帽所用的工具。

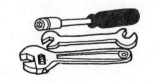

老虎鉗子、收音機用鉗子、剪鉗

要選購用於夾住導線或剪掉導線的
工具時，應選擇刀刃牢固、不易缺損且
不會生銹的工具。老虎鉗是用於剪斷粗
線，而要夾住細的導線時，剪鉗尤其便
利。

三用電表（迴路測試器）

這是檢查電線等線路何處斷線時很
有幫助的工具。它能檢查電流、電壓、
電阻是否正常。

焊接槍、焊料、焊漿

要焊接東西時，以往是將銅製的焊
槍加熱而使用，但現在已變成電熱式焊
接法。焊漿是為了防止生銹而塗上去，
如果加入氧化防止劑的焊料，則沒有必
要再用焊漿。除此之外，也經常要備有
稍大一點的剪斷器及絕緣用的塑膠袋、
砂紙、螺絲、螺絲帽等消耗品。

備忘錄◇IC 為積體迴路的略稱。LSI 則為大型積體迴路的略稱。

使用三用電表

　　像醫師那樣將聽診器按在患者的胸部，檢查何處有問題，在檢查電氣器具及電線有什麼地方故障時，非常有用的便是三用電表。它能測試電阻、直流及交流的電壓、直流的電流。

　　使用測試器所附屬的兩條導線（稱為 Test Lead 或測試棒）夾住可能斷線的部份，然後看儀表的針所指的數值。如果附帶有 Test Lead，使用起來就很方便。

　　根據所要檢查的目的，應先調整儀表，使其指著 0Ω（歸零），並設定其範圍。

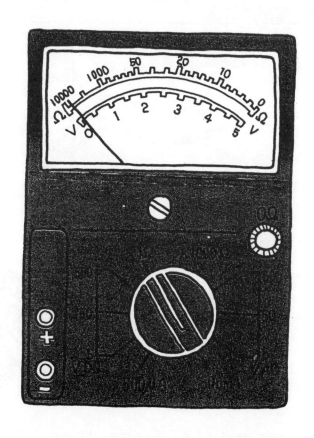

對準範圍

要設定當指針從一邊振動至另一邊時，電流及電壓為多大、多高，在電表上有一個可動線圈的東西，能自由地調整，測試時，必須將電流及電壓的範圍設定為比自己想要的更大、更高。否則，有時內部的迴路會被燒毀。

旋轉中央的大旋鈕（旋轉式開關）去決定所要測定的範圍（Range）。

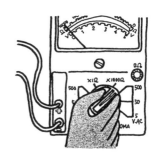

調整儀表並歸零

調整儀表的指針，使其指零。

0Ω

讓兩條導線相接觸，然後用電表右下方的鈕去調整，使其指零，再以電表中的乾電池通過電流，去檢查電阻。

檢查指針

檢查斷線時，必須將測試器的範圍設定於×1Ω，而將可能有斷線的部份以 Test Lead 夾住，檢查其電阻。

懷疑覺得多孔插座的插孔有問題，因為此處的電壓如果正常，應是 100 伏特，所以便將範圍設定為 500 伏特（交流電壓）。

如果要檢查乾電池的壽命是否已盡，則應將範圍設定為 5 伏特（直流電壓）。

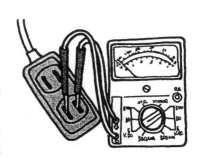

備忘錄◇現在的簽帳卡及信用卡，只是將證明身份的號碼寫在磁條上。如果是 IC 卡，則能代替存款簿而使用。

實際的修理

焊接的要領

　　焊料是錫及鉛的合金。錫的分量佔 60％的焊料比較好用，如果是加了樹脂的焊料，則沒有再塗上焊漿的麻煩。首先，將焊槍接上電源，再以砂紙摩擦所要焊接的部份。

　　焊漿是金屬的氧化防止劑。在所要焊接的地方塗上焊漿，然後以焊槍按在上面，加熱 2、3 分鐘，接著將焊料置於其上，使其溶化，最後靜靜地拿開焊槍，做完之後就把焊漿擦拭掉。

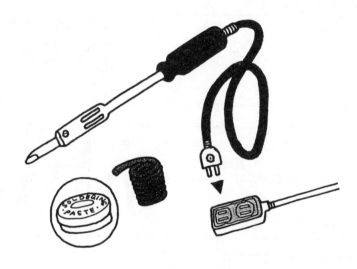

也有加入氧化防止劑的焊料

哪一部份斷線了呢？

用手拿電線，把它彎曲一下看看，便可知道電線的哪一部份斷線了。斷線的部份便是可能突然彎折的部份。

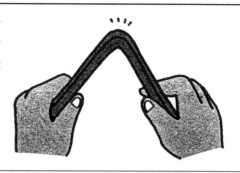

乙烯電線包膜的剝法

用剪刀或剪斷器將兩條導線切開自己所需要的長度，然後從包膜的周圍剪開。此時，應讓剪斷器有如滾動一般，以免損壞導線。最後用老虎鉗將外面那層拔除。

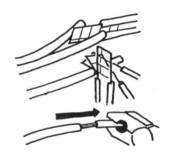

電線的捻合法

電線斷線時，將芯線捻合（纏繞）而連接起來，往往會鬆脫，十分危險，此時，應準備好電線接合器，在這兩個器具上分別裝上電線，然後再將電線接合起來。

備忘錄◇電子（負電）多的半導體即為 N 型，相反地，P 型的 P 即表示正電。

插頭和電線的連接法

在插頭附近的電線損壞時，應先將插頭分解，然後重新接好。插頭只要將絕緣體拿掉即可分解。先將損壞的部份剪掉，然後將插頭裡的芯線捻合，纏在尖頭老虎鉗的末端，形成圓圈，接著再焊接。焊接時，應避開螺絲及線圈，會碰到的那一端要先纏繞起來。

將插頭中的芯線弄成環形，將螺絲固定於插頭的兩片金屬片上。然後將插頭組合起來，便大功告成了。以尖頭老虎鉗把它固定時，應注意不要將絕緣包膜那一層夾住。

使用袋型電線時

袋型電線布製的包膜處理起來非常麻煩，而且這是用於電熱器具的電線，所以絕緣必須做得十分嚴密。

將斷線的部份剪掉之後，將外側的袋子（套子）褪下來，再將末端用起子固定起來，並向內彎折，然後輕輕地握住，用力往上拉。為了避免末端有分叉的情形，也可以用線將它綁緊。

褪下外面那一層包膜時，為了避免兩條芯線在同一位置而糾纏在一起，要將位置移好，將芯線接好之後，就將兩條芯線以塑膠袋包起來，再以袋子纏繞起來。

如圖所示的「修理」，只不過是應急的處置而已。

如果熨斗的鎳鉻線斷了……

　　普通電熱器中的故障率最高的是使用線圈的電熱器具，而且原因幾乎都是鎳鉻線斷線。

　　熨斗的線圈，是以鎳鉻線纏繞在雲母板上，要找出斷線的部份，應先解開一圈或二圈，讓它鬆散，然後用尖頭虎頭鉗將它捻合二、三次。雲母板容易損壞（失去原形），所以應小心翼翼地做。

　　烤麵包機及電熱器一樣。這類電熱器具的鎳鉻線的老化十分嚴重時，應到工具店或電器行買新鎳鉻線迴來更換。

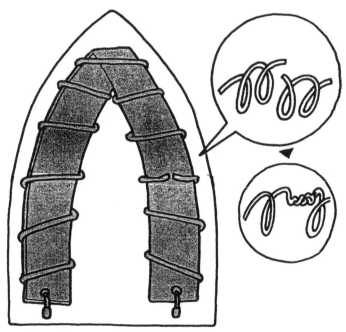

尼龍用的修補用零件，應從製造商的最後製造日期起至少保存 5 年。

備忘錄◇半導體是由鍺和矽製成的，矽加上雜質所製成的便是不純半導體，而鍺不加任何雜質，所以是真正的半導體。

有照明的生活

住宅是每天生活的基本場所，如果有適當的照明，則每天的生活都會很舒適，而工作的效率也較佳。

以電氣照明過舒適的生活

　　人類開始用火，是大約在一萬年以前，而使用電氣的照明時代的來臨，只不過是一百年以前的事。

　　首先是電燈泡，接著發明了日光燈，結果，我們在天黑之後也能在明亮的電氣照明之下，過著愉快舒適的生活。

　　不過，照明不是只要明亮即可，因為有各種各樣的照明器具，所以應選擇配合用途的器具。

　　只要對日常生活很方便，但能節省電費的照明器具，便是選擇照明器具的要點。

■明亮度的單位「米燭光」（Lux，勒克司）

　　電燈泡及日光燈等照明器具本身的明亮度，是以「新燭光」的單位去測定，而表示照明面的明亮度，則是以「米燭光」為單位。

　　距離1新燭光的光源1公尺的明亮度，即為1米燭光。

　　100W 燈泡的明亮度為 125 新燭光。距離燈泡1公尺處的明亮度，為 125 米燭光，而距離 2 公尺為 31 米燭光。明亮度和距離的平方成反比。在一間八個榻榻米以上的房間中，如果有兩處光源，照明情況應該會較佳。

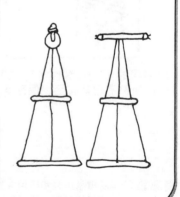

選擇適當的明亮度

適合閱讀書本的明亮度，在廁所及浴室是沒有必要的。在空闊的房間裡，因為地方廣，所以需要更多的光亮。總之，首先應選擇適當的明亮度。此時，必須考慮房間之中明暗的差異。以看書用的檯燈將書桌照亮是正確的，但在黑漆漆的房間中若只用一個檯燈，對視力有不良的影響。

當我們移動視線時，如果明暗的差異非常劇烈，眼睛會很容易疲勞。將房間的光亮熄滅而看電視，更對眼睛不好。

如果讓未加燈罩的燈泡的光線直接進入眼睛，因過於刺眼，眼睛會很快地感到疲勞。因此，檯燈的燈罩應儘量選較深的那種，而天花板上的燈也必須使用笠形燈罩或球形燈罩，以防止刺眼。

起居間及客廳的目的是用來休息及團聚，所以，也必須營造出適當的明暗。如果使整個房屋都很明亮，便和上班時沒有兩樣，因此，不妨以柔和的照明營造出容易放鬆身心的氣氛。利用半透明或乳白色的燈具，或是在顏色及款式設計上稍加用心，就會有截然不同的氣氛產生。熱鬧的聊天場合，就用明亮的照明，如果想靜靜地放鬆身心，就可將天花板的燈弄暗一點，也有可以做如此調節的器具及配線。

看書及做女紅時，如果由於照明形成影子，便會有所妨礙，但在餐桌及擺在客廳的東西，應設法儘量直接照射到光線，因為影子所形成的立體感，使菜餚及擺設看起來非常好看。

備忘錄◇矽是化合物，富含於天然的礦物之中。而且矽半導體的耐熱性比較強，所以，現在幾乎所有的半導體都是使用矽。

以照明器具做室內裝璜

　　天花板燈是從天花板上垂吊下來，照亮整個房間的燈具。最近，直接安裝上去的天花板燈類型逐漸增加，其中也有不用拉的開關，而能以裝在牆上的開關調整明亮度，或是以紅外線遙控的類型。

　　從上面垂吊下來的燈具，主要是用於餐桌等局部照明。如果吊在距離餐桌 60～80 公分高的位置，將會使菜色很明顯地呈現出來，看來美味可口，增進食慾。除此之外，壁燈是裝在牆壁上，用於玄關燈及浴室的照明。

　　立燈及美術燈（裝飾用）等製造氣氛的燈具，由於具有緩和寒冷感的燈泡，因此，比日光燈更受人歡迎。

　　一談到製造溫馨氣氛的照明燈具，不能不再談談間接照明。這是利用從天花板等處的反射光的照明方法，雖然眼睛並看不見光源，但會製造出柔和而特別的氣氛。如果巧妙地利用此一方法，即可成為很豪華的室內裝璜，不過其效率不佳，保養方面也很麻煩。

照明器具的壽命

電燈泡一般能使用 1000 小時左右，日光燈為 5000〜1 萬小時。照明器具都有其壽命。雖視種類的不同而有所差異，但比起剛開始使用，其明亮度會降低為 75％以下，或由於斷線等原因而無法使用。此時，便是壽命已盡的時刻。

到了這個時刻，稱為規格壽命，其準確率非常高。製造商會保證照明器具的壽命，在此之前，不會發生問題。有時，日光燈的壽命往往會比其所規定的壽命高上一倍。

電燈泡是將燈絲加熱，取其光亮，所以在使用之後，燈絲的材質會逐漸惡化，最後就斷線。

至於日光燈，則是利用其放電現象，燈管的內側會有氧化物附著其上，產生「黑化現象」，效率逐漸降低而變。此時，燈管會閃爍不定，對眼睛會有不良影響。因此，當燈管兩側的金屬附近的玻璃變黑時，還是及早更換為宜。

照明器具很容易有灰塵附著其上，所以即使壽命仍長，也會變得很暗，如果將其擦拭乾淨，就會變得非常明亮。

當燈泡不亮時，首先應檢視燈泡是否妥善地套在燈頭裡。日光燈不亮的話，也許原因是出在白熾燈（glow-lamp）損壞。

■不會閃爍不定的反用換流器式日光燈

日光燈比起燈泡只需使用三分之一的電力，所以十分經濟實惠，在短短的時間中，很快地便超過燈泡的普及率。不過，在構造上日光燈的光線會閃爍不定，這點實在很傷腦筋。

有鑑於此，所發出來的便是電子零件所組合而成的反用換流器式日光燈。它不需有開關也能調整明亮度。不需要開關，非常適合於看書用的檯燈。目前看書寫字用的檯燈，幾乎都是反用換流器式的。

由於電子零件都十分小巧簡便，因此利用它的器具的款式設計也日漸擴大範圍，有非常意想不到的奇特產品，紛紛在市面上出售。

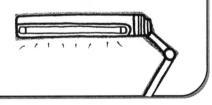

備忘錄◇砷半導的電子動速度比矽半導體更快，所以把它作為電腦的迴路素子之用時，計算的速度也會更快。

停電時不要慌張

我們的生活可以說十分依賴電氣。當停電時，往往會慌張焦急，不過，此時應沈著應對才是。

只有某一處的燈光熄滅時

如果是燈泡，原因可能是燈絲斷掉了，此時，將燈泡插在有電的燈頭，若是仍不亮的話，就要換掉燈泡。

以日光燈而言，則可能是兩端的二根扣針（pin）和插孔的接觸不良，所以可以將燈管轉動一下。有時原因是出在白熾燈鬆了，或是燈頭故障了。

因此，此時應打開燈罩，轉動開關看看，如果是接觸不良或固定電線芯線的螺絲鬆掉，電氣就無法通過。

電線斷線時，以手拿著電線將它彎折又伸直，找出斷線的部位，找到之後便設法將它修理或更換。檢查牆壁上的開關也有其必要。

數處燈光熄滅時

此時，可能是分歧電路中的某一個被遮斷，該查一查分電盤的配線用遮斷器。

有時，分岐電路全部都斷電是因為使用過多的電氣製品，或是其中某個部位故障了。

將原因一一除去之後，再恢復遮斷器的開關。

如果使用安全器，應打開安全器的蓋子檢視，保險絲斷掉時，應立即更換。

家中所有的電氣都斷電時

依照電氣器具的使用方法如何，有時是使用配線用遮斷器或安全器，在切斷電源之前，應先將安培遮斷器切掉。此時，將故障的部位修理好，然後將使用過度的電氣製品換掉，接著再將遮斷器的開關打開。

不明原因時

遇到這情況，只要和電力公司的營業服務系統連絡，請他們來檢查即可。電力公司的電話號碼，寫在電費的收據上。

如果有數家住宅同時停電，原因可能是桿上變壓器發生故障，或是配電線斷線了，也可能是電線桿的共同保險絲斷了。此時，也請和電力公司連絡。

有時，也會因為施工而停電，此時，工程單位會事先通知用戶。但不知是否因為施工而停電時，就請向電力公司查詢。

備忘錄◇如果使用三進位或三進位以上的迴路素子來製造電腦的話，會不會比現在的速度計算得更快呢？$2^{10}=1024$、$3^{10}=59049$、$5^{10}=9765625$。

小心不要觸電

我們可以說幾乎沒有一天不使用電氣製品，電氣就是這麼的便利。但在如此便利的背後，隱藏著觸電的危險。

修理時也要小心

電氣是眼睛看不見的東西，所以，我們往往不知是否有電氣的存在，不小心碰到通電部份時，就會觸電。

老舊或損壞的器具不是絕緣性不佳，便是通電部份已外露，所以應小心注意。

修理電氣器具時，當然要先把插頭從插座拔除，不過，有時內部的線圈儲存著高壓的電氣，所以，使用測試器或檢電起子時，便能放心。筆型的檢電器只要約 300 元左右即可買到。使用這種工具時，應以離心臟較遠的右手去拿。

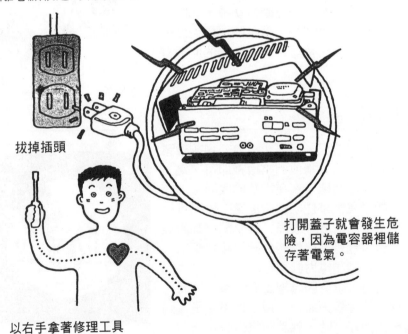

拔掉插頭

以右手拿著修理工具

打開蓋子就會發生危險，因為電容器裡儲存著電氣。

0.1 安培就會致人於死

觸電時，會有一種麻痺的感覺，那是因為電流通過我們的身體而流動的緣故。

所以，當電流較少時，只不過覺得疼痛的程度而已，但電流較大時，可能損害肌肉及心臟，引起痙攣，有時也會引起灼傷。尤其是當心臟有電流通過時，可能會發生呼吸停止等致命傷。

電流	症　狀
1	只有輕微的刺激感
5	會覺得疼痛，有時會引起痙攣
10	激烈的疼痛及不快感
15	激烈的痛苦
20	身體無法動彈
50	非常危險
100	可致人於死

（單位：毫安培）

謹防漏電

電線的包膜破裂導致絕緣性不佳，而迴路的部份有電流通過時，稱為漏電。

如果戶外的牽引線因為颱風而受損，或是碰到牆壁，而漏電的電流又通過馬達等電阻大的部位時，就會發熱，若是附近正好有易燃的物品，就會引起火星，成為火災的原因。

或是因為電氣器具老舊而絕緣性不佳時，器具的表面會漏電而讓人觸摸到時，就會觸電。

漏電時的電流並不太大，而安全器的保險絲也不會斷掉，配線用遮斷器不會跳脫，有時逐漸加熱之後，便真正起火了。所以，如果裝上漏電遮斷器，漏電時就會自動切斷電源，大可放心。

備忘錄◇和 5 進法併用的 10 進法計算機是什麼？那就是算盤。當我們要學習上四下五的計算原理時，算盤是一個很簡便的方法。

不要以濕的手去摸帶電的物品

電流和電阻成反比，據說人類身體的電阻約為 400～2000 歐姆。但如果手腳或身體的表面潮濕，那一部份的電流就會流動而產生危險。

使用洗衣機而發生觸電的現象時，多半會因此而致命，那是因為手腳等部位潮濕的緣故，夏天發生觸電事故較多，是因為肌膚流汗而潮濕的緣故。所以，要碰觸電氣器具時一定要將手擦乾。

地線會救我們一命

以電線將電氣器具和地面相接起來，稱為「地線」（earth）。大地容易通過電流，所以即使電氣迴路的絕緣性變差了，只要先將器具做地線程序，便可使流動於器具的電氣通過。如果沒有地線的預備措施，則絕緣不佳的電氣器具和地面之間會產生電位差，當我們一觸摸到器具時，就會發生觸電的現象。

為了預防萬一，應將洗衣機、冰箱、冷氣機的戶外機做好地線的程序。也要裝妥地線的插座，不過，以牢固的電線和金屬製的水管相接起來也無妨。但為了防止危險的情況，不可以裝在瓦斯管上。

除了地線的措施之外，也裝漏電遮斷器，以防觸電。

糟糕，觸電了怎麼辦……

要援救觸電的人時，應先讓那人離開通電部份。

如果碰到電線，可用乾燥的竹片將電線除掉。為了避免自己也觸電，應穿上乾燥的塑膠鞋，或站在梯子上，使自己和地面完全絕緣。

如果觸電的地方是室內，首先應以分電盤的安全器或配線用遮斷器將電氣切斷。

如果觸電的人呼吸已停止，便立刻進行人工呼吸。在進行人工呼吸時，為了避免觸電的人將舌頭縮進去咬掉舌頭，可用布塊或軟木塞在他的嘴巴裡，如此的應急處置，可防止危險。

■不用的插座應加蓋子

插座兩個插孔的其中一個，是地線，如果將釘子插入另一個插孔裡，則觸摸時會發生觸電的現象。為了避免孩童遭遇這樣的災難，在不用插座上應加蓋子，也有插座本身即有蓋子。

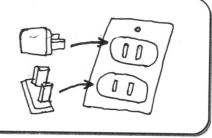

備忘錄◇以「歐姆理論」而有名的數學家弗恩‧那姆，主張在某種條件之下引導出最佳戰術的數理論，對電腦的應用範圍的拓廣極有貢獻。

電費計算方式

●電費是多少？

平常我們都不經意地使用電氣製品。而其個別的電費分別是多少呢？

大家都說，應巧妙地使用電氣製品以節省用電，下面的資料供各位做參考。

●電的計量單位「度」（KWH、瓩時）

「一度電」就是 1,000（W）瓦耗電的用電器具，使用一小時所消耗的電量，表示為 1000 瓦，小時（WH）或 1 瓩，小時（KWH）。其關係如下：

1 度電＝1000 瓦·小時（WH）＝1 瓩·小時（KWH）

例：10 瓦的小夜燈，用電 1,000 小時消耗多少度電？

10 瓦×1,000 時＝10,000 瓦·小時（WH）

＝10 瓩·小時（KWH）

＝10 度電

要知電器用品耗電電力，可由銘牌中查知或說明書內得知。購買電器時應確認其耗電量，同樣產品應選擇耗電量較小者，對於不符規定，未標明耗電電力之產品請勿購買。

●家用電器的耗電估算

現代家庭用電設備琳瑯滿目，小至電刮鬍刀大至冷氣機、電熱器不一而足，而每樣設備使用又隨時間、季節、生活習慣有所不同，因此電費支出也隨之增減。以台北市用戶為例，86 年 8 月夏天均用電度數為 742 度，87 年 2 月冬天則為 457 度，因此，季節對用電有極大的影響。

夏季冷氣機、電扇、冰箱等用電量增加，且夏季休閒活動增多，照明、洗衣機也相對增加。在冬、春季乾衣機、電熱器、電磁爐的使用次數增加。下表為「常用電器日耗電估計表」，讀者可依據該表及「表燈電價表」估算家中每月電費。

表燈電價表

單位：元／度

分　　　　　類		夏　　月	非　夏　月
非 營 業 用	110 度以下部分	2.20	2.00
	111～330 度部分	2.70	2.30
	331 度以上部分	3.30	2.60
營　　業　　用		3.30	2.60

註：季節之劃分：
　夏　月：6 月 1 日～9 月 30 日
　非夏月：夏月以外之時間

　　在冷氣電費計算上，每度用電單價（通常為 0.65）×冷氣機每小時消耗電力×每日使用時間×冷氣機運轉率×30 天／1000＝

　　每月電費金額，每度用電定價可依台電電價表計時；通常窗型冷氣 2500Kcal/hr（消耗電力 1180w），每天使用 10 小時，則電費每月約 600 至 700 元。

●常用電器耗電估計表

電器名稱	消費電力（W）	一個月使用時間估計（時）	一個月耗電量（度）	備　　　註
電冰箱	130	12 時×30 日＝360	46.8	320 公升
電鍋	800	30 分×30 日＝15	12	10 人份
開飲機	800	2 時×30 日＝60	48	
微波爐	1200	5 時	6	
抽油煙機	350	20 分×30 日＝10	3.5	
果榨汁機	210	1 時	0.21	
烘碗機	200	1 時×30 日＝30	6	
電磁爐	1200	2 時	2.4	
電烤箱	800	2 時	1.6	
洗衣機	420	30 分×30 日＝15	6.3	8 公斤
乾衣機	1200	20 分×30 日＝10	12	
電熨斗	800	3 時	2.4	
抽風機	30	4 時×30 日＝120	3.6	

吹風機	800	10 分×30 日＝5	4	
電視機	140	4 時×30 日＝120	16.8	28 吋彩色
音響	50	1 時×30 日＝30	1.5	
收音機	10	1 時×30 日＝30	0.3	
冷氣機	900	5 時×30 日＝150	135	1 噸
電扇	66	3 時×30 日＝90	5.94	16 吋
電暖爐	700	3 時×30 日＝90	63	
除濕機	285	3 時×30 日＝90	25.65	16.6 升／日
省電燈泡	17	5 時×30 日＝150	2.55	
日光燈(20W)	25	5 時×30 日＝150	3.75	
燈泡(60W)	60	3 時×30 日＝90	5.4	
神龕燈	10	24 時×30 日＝720	7.2	

註：1.本表各電器產品之耗電量，會因廠牌、型號等有所不同。
　　2.本表每月使用時間為估計值。用戶欲估算自家用電，請依家中電器品
　　　實際耗電量及每月使用時間自行估算。

●未使用之家電器具插上電源仍會耗電

　　家電器具種類繁多，製造商為吸引顧客，紛紛研製定時、計時、遙控、保溫等等功能的產品，新增功能除造成耗電增加外，亦使不用的電器未拔起插頭一樣消耗電能。

　　雖然所耗電力很小，但是積少成多亦將造成不少的浪費。據專家的調查研究發現，因為未拔掉插頭所浪費的電力（待命電力）約佔總耗電量的 10～16％。

第五章　電氣製品的結構

將電氣轉換為光

在日常生活所使用的電氣之中，最基本的是將電氣利用於照明方面。現在來介紹可轉換為光的電氣的結構。

弧形燈是開端

　　將兩條碳棒的前端相接觸，然後通電使前端變成深紅，接著稍微將兩條碳棒移開，立刻就會放電而產生強光。最先用於照明方面的是英國的薩・哈弗利・德威。1808 年，他將 2000 個（！）何爾達電池連接起來，引起大規模的放電，這便是弧形燈的開始。

　　弧形燈的正極相較於負極是以 2 倍的速度消耗電力，為了使其繼續放電，應使兩極之間的間隔保持適當的距離。

　　在使用正極的鐵心上，纏繞兩個線圈，線圈的方向應逆向纏繞。在主線圈上使電流通過時，鐵心會被牽引進去而升高，而此時在兩極之間產生火花。同時，副線圈也會由於電磁誘導的作用，而通過和主線圈反方向的電流。正極逐漸消耗，而兩極之間的間隔擴大時，弧形電流就會減弱，而副線圈的電流相對地變大，將正極削弱。

　　弧形便是基於如此的研究而設計出來的，以更簡單的結構而發光的電燈泡，很快地就被弧形燈的實用性所取代。

愛迪生的電燈泡

　　弧形燈是利用電極之間的放電，相對地，電燈泡是利用將金屬加熱時會發光的特性。第一個將它實用化的是燈泡中的發光部份——燈絲使用碳的燈泡。愛迪生以京都產的竹子作為燈絲的材料一事，一直非常有名。

　　現在的燈絲是使用鎢絲。鎢絲是熔點 3400 度、耐熱性極強的一種金屬。燈絲成為雙重線圈，發光的同時，會由於所產生的熱，使燈絲本身彼此互相加熱，放出大量的光。這種雙重線圈，是在 1921 年由三浦順一先生想出來的。燈泡中會形成約 2500 度的高溫狀態，所以，為了防止燈絲因蒸發而斷線，將氬灌入其中，也有將氮灌入其中，或是使燈泡內部成為真空狀態。

　　在家中使用燈泡時，如果以透明的玻璃製成，會非常刺眼，所以燈泡是使用鉛玻璃或鈉玻璃，也就是毛玻璃所用的玻璃。淡藍色的燈泡，將紅黃色的燈光變成接近太陽光的光色，將顏色加以補正。在燈泡的內側也可塗上了二氧化矽、氧化鋯，以獲得白色而柔和的光線，這種類型的燈泡已增加不少。用於聚光燈的反射燈，是讓鋁在玻璃燈泡的內側蒸發並附著其上，使光反射並照射一定的方向。

在弧形燈尚未實用化之前，
電燈泡已經發明了

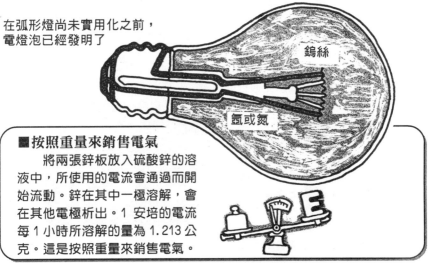

鎢絲

氬或氮

■按照重量來銷售電氣
　　將兩張鋅板放入硫酸鋅的溶液中，所使用的電流會通過而開始流動。鋅在其中一極溶解，會在其他電極析出。1 安培的電流每 1 小時所溶解的量為 1.213 公克。這是按照重量來銷售電氣。

備忘錄◇Algorithm 是計算程序的概念圖，此一概念圖是由阿拉伯的數學家亞爾‧柯維里茲所發明的。將抽象的 Algorithm 具體地書寫出來的便是程式。

日光燈是划算的

日光燈是 1938 年由美國的尹瑪所發明的，它利用燈管兩端電極之間的放電現象，讓塗在燈管內側的螢光塗料發光。和電燈泡相較之下，它所消耗的電力較少，而極板的消耗也較少，所以能持久。

在螢光管中，裝著容易放電的玻璃及水銀的粒子，而兩端的電極，則是在鎢製的雙重線圈塗著銣等，使放電很旺盛的氧化膜。為了避免過度的放電，裝有抑制電流的安全器，以及扮演點火開關此一角色的白熾燈。

■日光燈是兩段式的

日光燈在打開開關、點亮之前，需要花一點時間。

打開開關之後，白熾燈會先放電而變得明亮。而白熾燈的電極是用雙金屬做成的可動電極。

由於放電而加熱的可動電極一接觸到固定電極時，螢光管的迴路會連接起來，而電氣便通過螢光管。當白熾燈的放電現象結束，而螢光管的電極加熱時，便產生局部放電，使水銀蒸發。

就在此時，白熾燈中的雙金屬冷卻，離開可動電極，此一瞬間，螢光管的電極產生高電壓，螢光管的放電便開始。

當蒸發的水銀和電子互相撞擊時，水銀的紫外線會逸出，而使塗在螢光管內側的螢光物質發光。

其他照明所發出的光

照亮公園的水銀燈

這是利用在高壓的水銀蒸氣中的放電現象的照明，可以說是弧形燈的後裔。

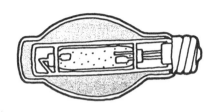

因為水銀蒸氣的氣壓較高，所以效率不錯，紫外線也較少，能放出藍白色的光。這種照明器具用於公園、道路等公共設施，也可作為庭園燈。

雖不填充氖也稱為霓虹燈

霓虹燈的構造和日光燈一樣，不過，按照填充於燈管中氣體的不同，可以產生各式各樣的顏色。如果其中填充了氖，就變成紅色，如果是氬，則變成紫紅色，水銀會變成青綠色。其中填充氬的也稱為霓虹燈。

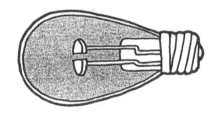

新式 EL 燈

將填充了螢光物質的誘導體，夾在兩張電極之間，然後再加予交流電壓，就會發光。新式 EL 燈便是利用此一性質。由於它只有 0.5～5mm 那麼薄的厚度，因此，所消耗的電力也很少。

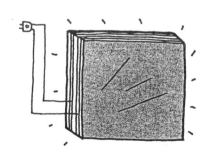

文書用文字處理機及膝上型電腦的視窗都是採用 EL 燈，其他也能用於照亮天花板及整個牆壁等用途。

備忘錄◇沒有程式，電腦就無法發揮作用，所以有人說：「電腦如果沒有軟體，就只是一個普通的箱子而已。」

各式各樣電化製品

利用熱讓馬達旋轉等，每個家庭都有各種電化製品，以協助主婦們的工作。

用電氣烹飪食物

燃燒木柴、煤炭，將鍋子放在火上的光景，在都市中已絕跡了，取而代之的，一般是瓦斯爐，不過，利用電氣的調理器具也愈來愈普及。

因為沒有燃燒任何東西，所以，不會產生煙霧，不會使我們的眼睛難過，也不必擔心空氣的問題。能以微電腦控制，並細膩地調節溫度的電鍋，以及將水壺及熱水瓶結合起來的飲水機等器具，現在已經不稀罕了。

輕巧的加熱板

自古以來即有的是使用鎳鉻線的電爐。它可以在桌上簡便地燒煮食物，或做鐵板燒，十分方便。但其效率不佳是一大缺點。因為需使用很多電氣，而溫度的調節也只不過二階段切換而已，在爐子本身變熱之前，需花一點時間。

關於這點，較為簡便的是利用 Seizheater 的加熱板。Seizheater 是將鎳鉻線埋入管子裡並裝在絕緣體上，然後鍋底密封著，熱直接傳開，所以耗損少，瓦斯爐的熱效率約為 40%左右，Seizheater 則為 70%以上，相較之下，後者的效率自然較佳。而且，也能自由自在地調節溫度，即使是弱火也不必擔心會熄滅。

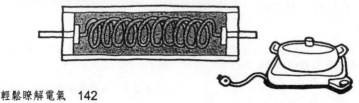

不會變熱的電磁爐

　　裝置於新式廚房的電磁爐，是非常實用而受歡迎的廚房器具。它是放出磁力線，使鍋子本身成為發熱體，在 Toptlate 之下的線圈，通過 2 萬 Hz 以上的高頻率時，就會產生磁界。從調理器所放出的磁力線，在鍋子此一導體產生電流，且為漩渦電流。漩渦電流碰到鍋子的抗拒，便形成熱，電磁爐便是利用這樣的原理。所以，電磁爐本身不會變熱。效率為 80％，非常高，適合於長時間溫火燉煮，或是油炸食品時需要保持油在一定溫度的料理。不過，帶有磁氣的鋁鍋及砂鍋無法用於微波爐。

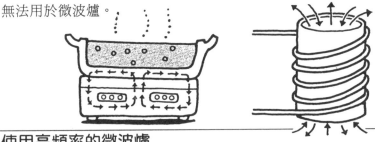

使用高頻率的微波爐

　　微波爐居然是讓料理的材料本身發熱，如果想要很快加熱，沒有比微波爐更快的器具。

　　電磁爐裡面裝著磁控管的裝置，可以發出高頻率的電波，當遇到振動的電波時，材料的分子也會振動而產生熱。其電波為 2450MHz 的微波。1 秒鐘可以振動 24 億 5000 萬次之多。食品的分子也振動同樣的次數，而由於分子和分子之間的摩擦熱，整個食品便產生熱。

　　將材料放入陶器或玻璃等耐熱性強的容器中，因為高頻率的電波碰到金屬而被反射掉，所以不能使用金屬製的容器。

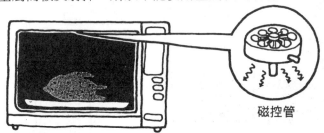

磁控管

備忘錄◇微波爐的程序也是二段式的，如果只是買來應用程序也是不行，還需要 OS（operating system）才行。

冰箱是廚房的必需品

　　廚房的電氣製品中，一定備有的應是冰箱。在製冰室中經常都有冰塊，也能保存冰淇淋。現在將東西買好存放於大型冰箱，以節省購物時間的家庭主婦，似乎愈來愈多了。

冰箱為何會冰冷呢？

　　打針時用酒精擦拭肌膚，會感覺冰涼。夏天炎熱時，如果灑一些水，會覺得涼快多了。這些都是相同的理由，當液體蒸發為氣體時，會從周圍奪走熱。冰箱也是利用氣化熱來冰存食品。

　　讓液體的二氯二氟甲烷通過冰箱中的管子而循環時，二氯二氟甲烷會從周圍奪走熱，逐漸變為氣體。將氣化的二氯二氟甲烷壓縮，當它們通過冰箱的裡側彎曲的管子時，二氯二氟甲烷的熱會散逸到周圍的空氣中，而二氯二氟甲烷便再度變為液體，也就是將冰箱的熱輸送到外部。

　　冷卻用的管子稱為冷卻器，如果是露出的直冷式，所用的電氣是除了冰箱的照明之外，用於讓二氯二氟甲烷循環的幫浦的電氣。

　　如果將冷卻機密閉起來，而改用電扇讓冷氣在冰箱內流動的間冷式，就不易結霜，不過，所消耗的電力也較大。

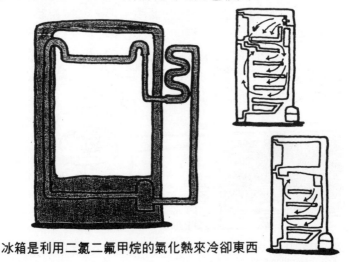

冰箱是利用二氯二氟甲烷的氣化熱來冷卻東西

聰明地使用冰箱

　　根據一整年的統計，在家電製品中用電最多的便是冰箱。冰箱幾乎都是 24 小時營業、全年無休，所消耗的電力當然也最多。雖然浪費電力，但只要我們稍加用心，相信也能省下不少電力

　　首先是放置的場所，不要放在陽光照射的地方，或高溫的地方，冰箱的背面，應距離牆壁 10 公分左右。由於裡側的管子是將熱散到外面的散熱器，同時也由於此時二氯二氟甲烷又再度液化，因此，也稱為凝霜器，它需要有充分散熱的空間。如果將管子上的灰塵清除乾淨，效率上就會出現極大的差異。

　　除此之外，不要將冰箱的門打開太久，打開之後要記得關妥，儘量減少開關的次數，不要將熱的東西放進去，應將大部份的熱散掉後再放進去。也要避免冰箱中裝得太滿，讓食品之間保持空隙，這便是冰箱省電的智慧。

■安靜的氨冰箱

　　以液體氨代替二氯二氟甲烷的冰箱，正在研究發展之中。

　　過去的冰箱，是以轉動馬達來壓縮二氯二氟甲烷，所以無論如何都會產生馬達的噪音。洗衣機及吸塵器等電氣製品，降低噪音的機種都很受人歡迎。至於從冰箱中驅除噪音的氨式冰箱，也可能即將實用化。它不是使用馬達，而是使用加熱器的氣泡幫浦，使液體氨循環的方法，過去也是用於飯店或入院患者的病房中。但目前是使用馬達，所以效率不佳，而電費需花費過去冰箱的 2 倍，製造成本也需 3 倍之多。

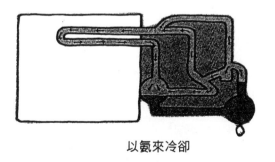

以氨來冷卻

備忘錄◇微電腦是作為機械的零件而裝在各種機械中，它是小小的一片。迷你電腦雖尚未達到超級型的程度，但具有大型電腦的功能。

讓馬達轉動的器具

只利用馬達的轉動之電氣製品中，具代表性的為洗衣機及吸塵器。

如果只單純地說，不過是利用馬達的轉動而已，則會產生語病。但是，除了非常細微的構造之外，我們應該瞭解其概要。

漩渦！洗衣機

因為是利用馬達旋轉洗衣槽及脫水槽，所以相較於其他利用電氣的器具，洗衣機可以說是很簡單的構造。由旋轉翼旋轉洗衣機中的真空幫浦，形成水流。真空幫浦是裝在距離中心稍微斜向的地方，使水流產生漩渦。

脫水時，是利用馬達高速旋轉有孔的籠子型置物槽，以離心力的作用使水分甩出槽子之外。將洗衣和脫水使用不同的槽子，稱為雙槽式，在同一槽進行洗衣及脫水的單槽式全自動洗衣機，很受歡迎。

自動地改變水流的右轉、左轉，或以計時器控制洗衣時間及脫水時間的洗衣機，現在已成為不可或缺的一項。以對微妙的量能產生反應的 Fuzzy 理論而做出動作，由微電腦控制的洗衣機，是按照洗濯衣物的量及污濁的程度來調節水流及選擇時間。

吸進去！吸塵器

　　用馬達旋轉扇葉，將空氣吸進去的吸塵器，空氣經由為了儲存灰塵之用的過濾器，將馬達冷卻下來。

　　當過濾器裝滿了細微的灰塵之後，吸入空氣的力量就會減弱，而且馬達會過熱而消耗很多電力，也容易使機器受損。所以使用時應注意，不要積存太多灰塵，同時也要用刷子刷除過濾器，按照機種的不同，也可用水洗，使其力量強勁。

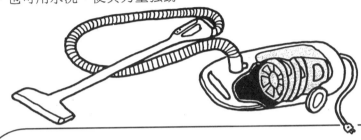

■各種馬達

　　馬達，實際上有若干機種。用在吸塵器的是交流整流子的類型。這是利用從家中的插座所取得的交流電的機械。在旋轉部份有兩張半圓狀的零件，稱為整流子。電流由接觸到整流子的刷子傳過去，開始流動起來，此時如果迸出火花，就會在電視機及收音機產生雜音，能快速旋轉的交流整流子馬達，也用於吹風機。

　　卡式錄音帶的錄音機，馬達是直流馬達。電風扇和工廠所使用的馬達，以及電扶梯的馬達是一樣的，都是構造簡單、牢固且能持久的誘導馬達。擅於做小動作的步調（step）馬達，用於使用水晶的正確發震裝置，以及電晶体、液晶相結合，以數字顯示的數字錶。

備忘錄◇在電腦的領域中，將技術的進步稱為「世代」。電腦從真空管、電晶體、IC 一路進展下來，目前是第四代。

電線及插頭的用法

熨斗及吸塵器

　　吸塵的電源電線，是使用夠厚的乙烯雙重覆蓋的絕緣電線，利用電熱的電熨斗的電線，是用耐熱性強的袋型電線。這些都是很牢固的電線，而吸塵器及熨斗在電氣器具中，插頭插、拔的次數特別多，所以電線比較容易受損。

　　吸塵器裝有將電線捲繞進去的收縮器，而熨斗不用時則要將電線束成稍微大一點的環形。如果將它束得很緊，那麼，裡面的芯線遲早會斷裂。

　　從插座拔下插頭時，絕不可拉扯電線。插頭金屬部份的前端開著圓洞，這是為了讓插座中的金屬互相吻合、固定。拿插頭應小心，不要太用力，慢慢地上下移動。

溫度調節完全交給它！

調溫裝置的功用

　　當熨斗到了一定的溫度時，就會自動將電源切斷，溫度降低時，便讓電源進入。因為熨斗裡面裝有調溫裝置。

　　寒冷的日子中，果醬等瓶子的蓋子往往很難打開。此時，以熱水將瓶蓋的金屬部份加熱，便可輕易打開蓋子。金屬只要一加熱就會膨脹。膨脹的程度，按照金屬種類的不同而有所差異。兩種金屬貼合在一起稱為自動溫度調整器，當加熱時，它會翹立起來。

　　使用自動溫度調整器的恆溫器，當溫度降低時，因為接點附著在一起，所以電流會流動，但到了一定的溫度時，自動溫度調整器會翹立起來，所以接點會離開，電流也會切斷。這種裝置也用於日光燈的白熾燈，是一種非常便利的東西。熨斗及電爐的恆溫器，也是使用自動溫度調整器。

　　調節溫度的方法，也有使用半導體（兩極真空管）及珪製自動整流器，這些是按照電流的方向及電壓讓電流通過，或不使用迴路的方法。

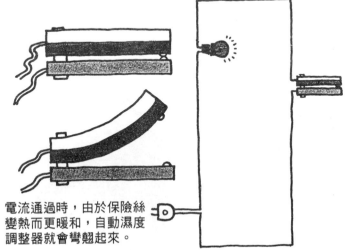

電流通過時，由於保險絲變熱而更暖和，自動濕度調整器就會彎翹起來。

備忘錄◇兩個物體的邊界部份稱為界面（interface），而電腦的出力、入力裝置便是人和機械的境界，所以是人和機械的界面。

空調機是熱的幫浦

現在每一種家庭電氣製品幾乎都很快就普及了，但以前吸塵器、洗衣機及冰箱被稱為電化生活的三種神器，之後，又將冷氣機、彩色電視機、自用轎車稱為 3C。目前，已經由冷暖房兼用的熱幫浦式空調機取代了冷房專用的室內冷氣機，並且十分普及。

熱幫浦式和冷卻冷箱內部的構造為同樣的方法，也是讓二氯二氟甲烷循環，將房間中的熱氣流到屋外。要切換暖房的功能，則是以切換法使二氯二氟甲烷的流向變成相反。

因為馬達只用於使電氣壓縮二氯二氟甲烷的循環而已，所以，利用電熱的電爐其效率達三倍以上，效率顯然更佳。一般而言，使用冷房時和暖房時相比，後者的出力會較高。當氣溫為 30℃時，使室內溫度成為 20℃，溫度差為 10℃。當氣溫為 0℃時，要使室內溫度變成 20℃，必須運輸 20 度溫度差分量的熱氣到室內。在寒冷的地方，應選用暖房能力為冷房能力一倍以上的機種，比較不會發生不適用的問題。在各種電氣製品之中，空調機所消耗的電力是比較大的一種，所以應備妥專用的插坐，較能安心。再者，對要過於頻率地打開或關掉開關，這樣比較能節省電費。

反用換流式空調器，是將家庭用電源的交流電改為直流電，然後再變換為適當頻率的交流電。因為馬達的旋轉大約和交流電的比率成正比。所以即使不使馬達停下來，也一樣能調整出力。

空調器雖說是「利用電氣力量的冷暖房」，但實際上，它不過是為了讓水及二氯二氟甲烷循環，使風扇及馬達旋轉，而將風扇當作馬達之用而已。使東西冷或熱的是氣化熱。

就此意義而言，它和冰箱是相同的，擔任馬達角色的分別是排氣機及電風扇。

■溫度保險絲是安全裝置

電暖爐是以恆溫器調整紅外線燈或 Seiz 的通電時間，使其保持一定的溫度。除此之外，它也裝有溫度保險絲。這和分電盤的安全器是一樣的，當因為某些故障而通過電流，使溫度過高時，保險絲就會自動斷掉以切掉電源。

備忘錄◇「駭客」這個名詞，本來是個人電腦迷之意，但現在用於通信功能惡作劇的傢伙。

在現代社會中，電話是必需品之一。在電話尚未發明之前，是只有電信的時代。

以摩斯電碼開始通信

我想各位都已知道摩斯電碼，它是利用無線的方式，符號使雙方彼此取得連絡。當發明這種方法的時候，並沒有所謂的無線通信，所以將長長的電線連接起來，或以「拒電器的」裝置轉接，達到通信的目的。無論如何，它是利用電磁鐵讓電流通過迴路或切斷迴路，以此送出信號。

在發信那一方，當敲打字鍵時，受信的那一方會有電流通過，而電磁鐵的接點會被吸住，發出「咔、咔」的聲音，推動預先準備好的打字機。

發明電報機的摩斯先生，本來是一位畫家，所以他所製造出來的電報機，是利用架上畫布的畫架和其他東西組合起來。

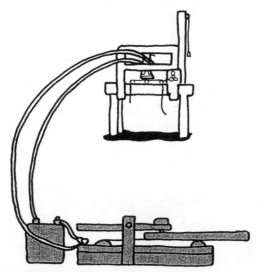

摩斯發明電報機是在 1837 年，將利用電磁鐵的繼電器連接起來，而第一次開始進行長距離通信是在 1844 年。

■苦心研發而成的海底電纜

1847 年，英國和法國之間的多佛海峽，鋪設了世界第一條海底電纜。從此以後，人們便可以電信橫越海峽和對岸取得連絡。

在海底電纜的絕緣性方面，比起地上的電線有更高的要求，即使將它浸泡在海水中，也不會生銹，這是很重要的一點。多佛海峽的海底電纜，是使用一種稱為馬來樹膠（亞洲產的樹木所取得的樹膠狀物質）的物質加強其耐久力。從此之後，利用電波的無線通信成為主流，而海底電纜幾乎都作為電話線之用。

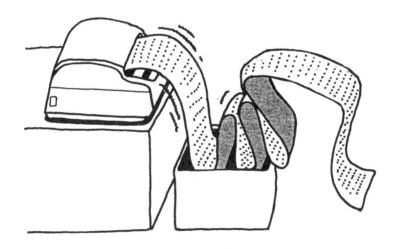

現在的電信事業，除了我們身邊隨時可以接觸到的電報之外，還有企業公司及通訊社常收到的商務交換電報發報機（telex）。

備忘錄◇破壞電腦的惡作劇程式，稱為病毒，而保護腦免被病毒所侵襲的正義之士，便是免疫程式。

貝爾的電話機

　　用電信的符號取得彼此連絡的方式被實用化之後，接著人們當然會想到：是否能直接以人的聲音發信？經過很多人的一再研究，於 1876 年，美國的貝爾終於發明了電話機。貝爾原本並非專用的科學家，而他所做的電話機，結構也非常簡單。

　　它只不過是將震動板及永久磁鐵和外部的迴線連接起來，形成導線的線圈而已。送話器和受話器是完全相同的構造。當向送話器說話時，由於聲音的傳送，振動板會開始震動。此時，永久磁鐵也會在線圈之中移動起來，所以根據電磁誘導的原理，和線圈相接的迴路內會有電流通過，而受話器那一方，會由於傳到線圈中的電流使永久磁鐵移動，從振動板聽到聲音。

　　因為聲音的振動所產生的誘導電流非常小，所以，僅僅如此便可傳達聲音的貝爾電話機，著實讓科學家及發明家們嚇了一跳。

　　貝爾發明電話機的翌年，發表了在振動板背後裝置碳粒，使感度變得更好的電話機。因為振動而被壓迫的碳粒其電阻會發生變化，所以這種變化使誘導電流的變化增加。

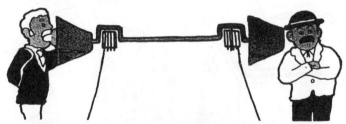

德國的科學家拉伊斯於1860年發明了電話機的原理，他未公開實驗，但在歷史上留名的是曾進行公開實驗且由此原理加以改良及實用化，一直持續被使用的貝爾。

■助聽器是貝爾研究所的電晶體

　　貝爾原本是一位從事於聾啞教育的人士。他於 1877 年創設了貝爾電話公司（現在的 ATT 公司）但他似乎並未成為經營的中心。貝爾逝世之後，ATT 公司內設置了貝爾研究所，而後來發明助聽器的即為此一研究所。利用電晶體的第一個商品，即為助聽器。這點對一輩子都奉獻於聾啞教育的貝爾來說，可能是一件令他非常欣慰的事。

將無線實用化的馬可尼

赫茲以實驗確認電波的存在，而接收到電波時，由於電波會凝結，所以發明了具有使電阻變小的作用的金屬屑檢波器，而 1894 年，馬可尼成功地發明了無線通信。這是以和誘導線圈留有一點空隙的極板，引起火花放電，而以此時所產生的電波由金屬屑檢波器受信。

赫茲的實驗是於 1888 年進行的。布拉利發現電波會使金屬粉的電導性增加，羅茲則於 1890 年發明了金屬屑檢波器

■從長波到短波

1888 年，第一個發現電波的貝爾所進行的實驗，得到的結果，電波的波長為 66 公分。

1895 年馬可尼的實驗結果為 25 公分。

之後，認為波長愈來愈長，愈能達到遠處，拘泥於這種想法的長波時代一直持續著。

1905 年，中俄戰爭時所出現的俄軍艦艇，電波為 600 公尺。

1923 年將關東大地震傳到美國的波長為 14.5 公里，是非常長的電波。

為了發出長波，在設備上需要花費相當多的經費，也會消耗很多電力。1902 年所發現的電離層，使此一情況有了改變。自那時起，利用地表和電離層之間一再重複反射所產生的電波，可以產生波長很短但無遠弗屆的電波。甚至也能和地球的裡側通信，而發現短波無線通信的是一些業餘的無線電專家們。

備忘錄◇電腦的資料庫，是將許多資訊加以整理管理的系統。例如，寫在電話簿及小冊子裡的通訊地址、姓名，也是一種資料庫。

電波、電磁波

作為照明及動力的來源，電氣的用途是無止盡的。在現代的生活中，提供娛樂給我們、傳播資訊給我們的收音機，也是一項必需品。收音機現在和卡式錄音機合為一體成為整套的收錄音機，非常普及。電視機在一個家庭中不止 2、3 台的情形，已經不稀罕了。

收音機及電視機是以天線接收發射台所發射出來的電波，將它們改變為聲音及影像。那麼，電波究竟是什麼樣的東西呢？

所謂電波，顧名思義可以認為是電氣的波動。提到電氣的波動，輸電到家庭的交流電，其頻率為 50Hz～60Hz 的波動。

普通稱為電波的波動，也是一種交流電，頻率為 30KHz～30MHz。

交流電流動時，其電流及電壓的變化也有傳到周圍的空間性質。此時，正如在電磁誘導一項所介紹的，會產生和電界的方向逆向成為垂直方向的磁界變化，所以，在此空間中電界和磁界會同時成為波浪狀，開始擴散起來。此一現象稱為電磁波，其中主要是用於通信及播送的頻率數，稱為電波。

同樣是以電磁波將聲音傳送出去的電話線路，其頻率為 300Hz～3400Hz。事實上，光也是電磁波的一種，不過以頻率而言，是使用比 KHz、MHz 更多的稱為 THz 的高頻率。

電（磁）波的分類

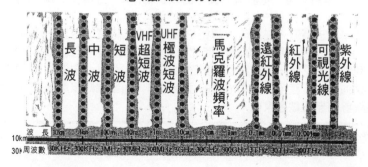

頻率及波長

　　像山峰及谷的一再重複，1 秒鐘內發生幾次的稱為頻率。山峰及谷一次的長度稱為波長，將頻率和波長相乘，即為該波動 1 秒內所前進的距離，電磁波的一種──光的速度，和電氣傳送的速度相同，都是秒速 30 萬公里，由此可知，電磁波的速度完全都一樣。以 30 萬公里除頻率，便是一個波動的長度（＝波長），相反地，以 30 萬公里除波長便是頻率。

　　電磁波是以頻率及波長來分類，它有各式各樣的名稱。

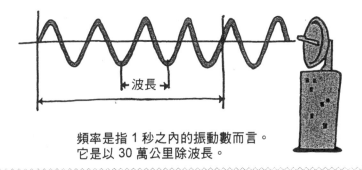

頻率是指 1 秒之內的振動數而言。
它是以 30 萬公里除波長。

製造電波的 LC 迴路

　　為了製造出播送及通信之用的高頻率，必須讓震動得極快的高頻率電流通過。在此一目的之下，用得最多便是 LC 迴路。它的結構，是將調節電流變化的線圈和電氣暫時儲存起來的電容器加以組合。

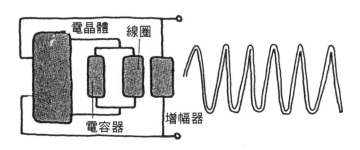

不可突然停止的線圈電流

　　LC 迴路的 L 是表示線圈的符號。在線圈中，當電流通過時就會產生磁力線，而切斷電流時，磁力線就會消失，而此時除了所通過的電流之外，磁力線的產生及消失，也會使線圈本身通過誘導電流。這種電流稱為自我誘導，而且是和所通過的電流呈逆向流動，即使突然讓電流通過，因為線圈會通過逆向的自我誘導電流，所以將兩者合起來時，線圈的電流會逐漸增加。當切斷電流時，磁力線會呈逆向，因此，接著會因為自我誘導而使電流突然中斷。

　　電流的電磁誘導磁線的發現者，是英國的法拉第，他的名字因而留在歷史上。在同一時期進行研究的科學家中，有美國的赫利及俄國的雷索。自我誘導被認為是赫利所發現的。

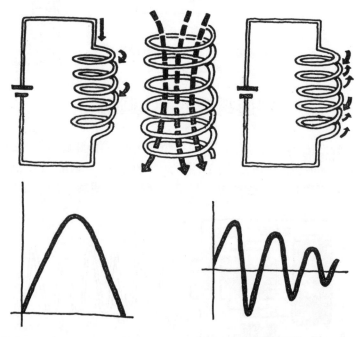

逐漸增加而一點一地減少的線圈　　　　如果將電容器組合起來，就會
電流　　　　　　　　　　　　　　　　變成可以振動的「電波」

無法超越的電容器

　　LC 的 C 是指電容器。其原理和為了貯蓄摩擦電氣而研究出來的萊頓瓶是相同的，也就是將 2 張金屬板像幾乎貼近的距離相對著，再將接上電源的金屬板接近它時，正極及負極的電氣會彼此互相吸引，而在產生吸引力的空隙，會有正電及負電進入。如果金屬板之間的空隙夾住不導體，就會有貯存更多電氣的性質。此時，夾在金屬板之間的不導體稱為誘電體。雖然稱為正電、負電，但事實上，在金屬板的一方會聚集很多電子，而相對的另一方，則會產生電子的過疏狀態。

　　在將線圈和電容器組合成的 LC 迴路中，被阻於電容器一方的電子，會繞一圈回到相對方向的金屬板去，於是有電流通過，但因此處有線圈，所以無法一次通過。而是電流逐漸變大，貯蓄於電容器的電子已經消失，也會由於其後線圈的自我誘導逐漸減少，如此一來，電流繼續流動。此時，電容器和最初呈逆向的金屬板一方，會有電子貯蓄，開始通過逆向的電流。結果，電子便在 LC 迴路中來來回回，也就是產生了交流、電磁波。

　　若是一直如此下去，由於導線的電阻等原因，電力會逐漸消耗，而振動也遲早會結束。播送及通信所用的發振器是從外面補充電力，使其持續振動，以真空管及電晶體組合而成的變壓器，使用增幅裝置將波長變短的高頻率傳送出去。

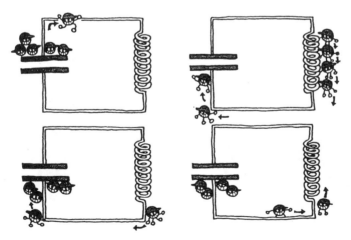

利用方法不同的 AM 及 FM

收音機及電視機的播送電波，是 LC 迴路中所製造的高頻率，將聲音信號等訊號的波型予以重組而傳送出去。成為其基礎的高頻率稱為輸送波，而將聲音訊號放在輸送波之上的稱為變調。調整收音機的頻率時，如各位所知的有 AM 及 FM 兩種，這是變調方式其中的兩種。

AM 方式是改變波動的振動幅度。AM 播送及短波播送的差異，僅在於波長的長短不同而已，而變調的做法是相同的。以波長而言，AM 播送的電波屬中波。

FM 方式則是改變頻率。當然，波長也會有所變化，只用疏密波傳送，也就是以聲音訊號使電波的密度變密或變疏。

輸送波

輸送波

聲音訊號

聲音訊號

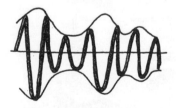

AM 變調

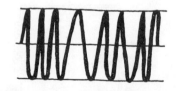

FM 變調

電波的途徑

從電視台、電台所發射出來的電波之中，在地面附近前進的稱為地表波，向上空前進，在電離層的部份反射回來的稱為空間波。

電波遇到障礙物時，會反射回來，但如果是會阻礙前進的山峰及建築物時，則會有一部份被吸收而變弱。在都會中，對電波有所阻礙的建築物較多，所以也較不易到達，障礙少的海面上，也因為海水的電阻較小，所以電波能傳到遠處。

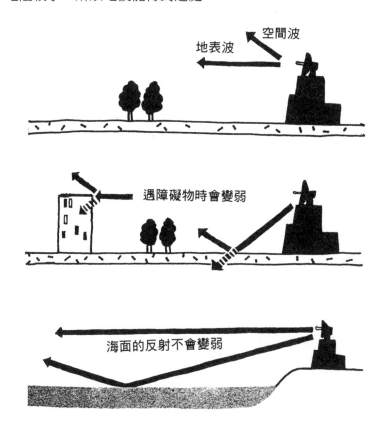

備忘錄◇在上班族階層中曾一度風行過系統小筆記本，但之後很快便出現電子計算機大小的電子筆記本。它具備簡單的文字處理機能，能 24 小時待命。

圍繞著地球的電離層

　　由於發射自太陽的紫外線及宇宙線的影響，從空氣中的物質將電子擊出的地方，便是所謂的電離層，而它位在上空 100 公里～400 公里之間，覆蓋著地球。

　　電離層並不是只有一層，而是分成數層，分別反射不同波長的電波。中波的電波由下方的 E 層所反射，而短波則穿過 E 層，由更高的 F 層所發射。如果是波長較短的長短波，則會穿過 E 層及 F 層，消失於宇宙的彼方。

　　在電離層所反射的電波，和遇到鏡子時反射光的情形並不相同，它是一點點地屈折著，並在電離層中改變方向，最後才回到地面來。

　　白天和夜晚，電離層的比例會有所差異。相較於上空有太陽照射、有大量電子的電離之白天，夜晚之電離的電子並不多，所以電波在通過電離層時，不會減弱太多。白天無法受信的遠處轉播站的電台節目，到了晚上便可聽得清晰，便是因為此一緣故。

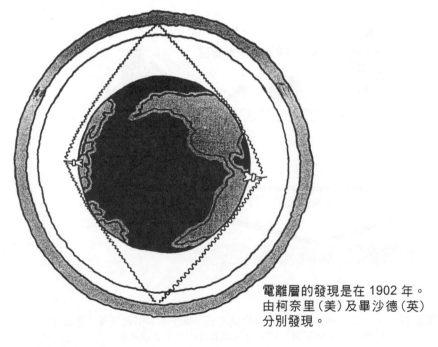

電離層的發現是在 1902 年。
由柯奈里（美）及畢沙德（英）
分別發現。

受信的障礙、衰退

聽收音機時，有時會有彷彿某種的雜音，而聲音變大或變小，這種現象稱為衰退（Fading）。其原因為地表波和空間波之間，抑或空間波和空間波之間彼此互相干擾。

如果附近有轉播站，因為地表波很強，所以幾乎不會發生Fading 的現象，但晚上接收遠距離的轉播站所發射的電波時，由電離層所反射過來的空間波，變成和地表波同樣強度的電波，以致發生干擾而引起嚴重的 Fading。

如果雙方的波峰和波峰相重疊的話，電波就變強，而是波峰和波谷相重疊，則此會抵消而變弱。

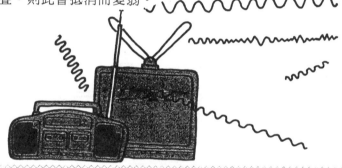

迴繞的電波

波長較長的電波遇到障礙物時，具有繞到障礙背面的性質。也就是越過山峰、越過山谷，一直傳送出去。但波長較短時，此一現象便會減弱。使用超短波進行播送的電視，在山間及大廈群中的矮處不易接收，便是由於此一現象，此一現象稱為電波的回折。

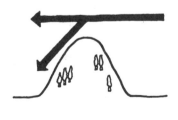

備忘錄◇文字處理機及個人電腦，是以點點表示文字或印刷出來。將一個字以縱橫 24 個、合計 532 個的點來表示。

以天線接收電波

　　想要接收轉播站所傳送出來的電波，需有天線。

　　只要讓導線暴露於電波之中，由於電波是電界和磁界所產生的波動，所以，導線會根據磁界的變化通過高頻率的電波。說得極端些，即使是一條鐵線也能成為天線，FM 播送的至室內用天線，只是將它伸到牆上而已，所以幾乎就是一條鐵線。雖然也有棒狀的天線，以及成為一種線圈的天線，而內藏於手提式收音機的天線，是在棒狀的鐵鹽酸磁鐵上將線圈纏繞好，其感度良好，也具有容易調音的優點。

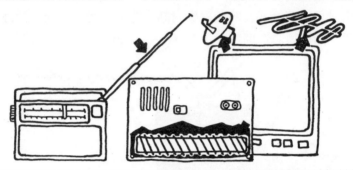

站在方位學的立場來說

　　使天線的導線方向配合轉播站時，感度會變得良好。如此，便可大大地接受電磁石界的變化。如果是伸縮式天線，因為導線是一種線圈，所以使放在芯心中的磁鐵和轉播站的角度呈垂直，結果，使收音機的正面朝向轉播站，受信的一方便可好好地收聽節目了。

地表充滿電波

　　天線會接收電波，製造出微弱而高頻率的電波，正因為電流是很微弱的，所以收音機及電視將其增幅，使其變為聲音及映像，不過在此之前，仍有其他過程。

　　由於各地的轉播站會傳送各種頻率的電波出去，因此我們必須從其中選出想收聽的頻道才行。進行這項作業的即為同調迴路，它和高頻率的發振器 LC 迴路一樣，是將線圈和電容器組合起來。

　　在播送那一方，也改變線圈的纏繞數及電容器的容量，製造出合乎目的，自己想要使用的輸送波的頻率。同調迴路也調節線圈及電容器，選出特定的頻率。

　　如果迴路通過高頻率的交流電，並具有線圈及電容器，便可發揮電阻般的作用。線圈的電阻，頻率愈高便愈大，而電容器的電阻則相反地，頻率愈高便愈小。所以，應以想要受信的頻率調節線圈及電容器，使整個迴路的電阻變得最少。

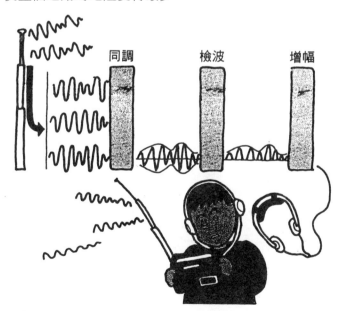

同調　檢波　增幅

備忘錄◇用印表機列印時，字體愈細愈看得清晰。表示在 1 英吋（2.54 公分）能列印多少字的便是 dpi（dot per inch）

同調的兩個方法

能改變容量的電容器稱為可變電容器。利用相對的金屬板之間正電和負電互相吸引的特性，便是電容器的原理。至於可變電容器，則是將金屬板的位置稍微移開，能調整相對的面積。此時，貯蓄於其中的電氣容量也會產生變化，也能調整作為電阻的作用。

如果想以線圈來調整電阻，只需改變纏繞的次數即可，但在收音機及電視中，無法如此做，所以，使磁鐵在線圈的芯中移動。將線圈放入芯中時，磁力線會加強，而產生所增加纏繞次數相同的磁力線。

讀取訊號電波

每個轉播站所播送出來的電波，都是以不同頻率的輸送波將聲音等訊號合成起來。同調之後，便從該高頻率中除去輸送波，讀取訊號電波。此一作業稱為檢波，利用兩極真空管或電晶體、真空管的整流作用。

將 AM 變調的短波及中波傳送出去時，聲音是作為振幅變化而傳送出去，但如果依照原樣平均的話，就會變成零。因此，利用電晶體等讓電流通過一個方向的性質，將電波的一方切斷，然後使振幅獲得平均，便可讀取原來的聲音電波。從已經改變的 FM 播送的檢波，其結構稍微複雜一點。也就是說，必須製造將線圈、電容器及電容器組合起來的迴路，當頻率較高時，電壓也會變高，當頻率變低時，電壓也會降低，從此一部份讀取訊號電波。

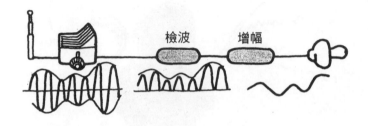

檢波　　　增幅

現在已成一般常識的超外插式收音機

接收到高頻率需分成數個階段，增幅後變換為聲音。而在此時，有時受信機的內部會發振。因為同一頻率，且有時有微妙的電波相重疊，所以會產生混信的情形，以聲音來說，便無法收聽。

為了避免發生這種情形，在增幅的中途改變頻率的即為外插式收音機。這是將受信已經增幅的高頻率，和受信機中所製造的高頻率混合在一起，然後再將它變為中間頻率的頻率，最後進一步將中間頻率增幅。

中間頻率如果被定為 455KHz，就不必調整中間頻率增幅迴路，以配合頻率。兩種高頻率相混合時，其頻率之差便稱為混合電波的頻率。在受信機內的發振，經常都製造出比想收聽的頻率 455KHz 更高的頻率。

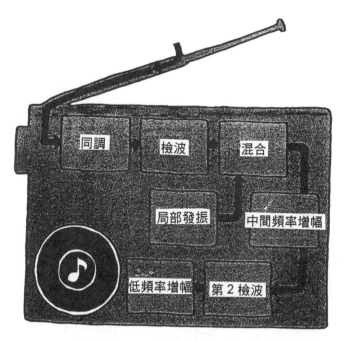

備忘錄◇「drive 是什麼意思？」駕駛車子引導人們到各處遊玩即是。電腦的 Discdrive 也就是「磁碟片的驅動裝置」之意。

收聽立體播送收音機

FM 播送比起 AM 播送，不但音質良好，同時也能享受立體聲，所以頗受樂迷們的喜愛，想要收聽立體聲時，必須傳送出再生的左音及右音，如果受信那一方只能以非立體的方式收聽時，或是只能收聽到左邊及右邊其中一方的聲音，就很不好了。所以，播送時將左邊及右邊的和訊號為主頻道，取其間差異的差訊號為副頻道，如此同時傳送兩種電波。在非立體聲的受信機，只接收到主頻道的聲音。

以立體聲收聽時，和訊號和差訊號合成在一起，如此便可收聽到左邊的聲音及右邊的聲音，但在此之前，必須將主頻道及副頻道分離才行。

分離的方式，有舉證方式及改變方式。

舉證方式，是利用只讓一定範圍的頻率通過的濾波器，分別取出主頻道及副頻道。至於改變方式，則是在檢波後複合訊號達到振幅的最頂點時，利用波峰的部份及波谷的部份，分別代表主頻道及副頻道的波形，而一次便加以分離。

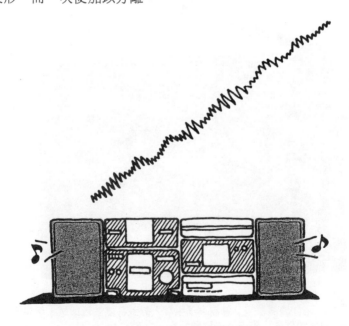

播送映像

收音機只有聲音，但電視機除了播送聲音以外，也必須利用電波播送映像。電視的頻道，便是指帶有聲音的電波和帶有映像的電波的組合之意。雖說讓映像帶有電波，但這也是很不容易的事。在映像傳送出去時，將一個畫面縱橫地分割成很細的部份，並一個一個逐一變為電氣訊號再傳送出去。

分割畫面時，橫向那一列稱為掃描線，普通的電視機掃描線，每一畫面約為 500 條左右，不過現在的高品質電視，是以 1000 條以上的掃描線構成一個畫面。

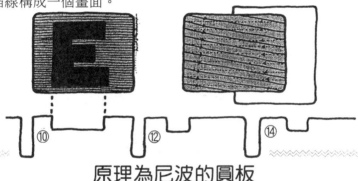

原理為尼波的圓板

德國的尼波先生於 1884 年發明了旋轉圓板式掃描法，此即電視的原型。讓開了洞的圓板旋轉，將通過圓洞進入的光，以光電管這種裝置改變為電流，在受信那一方，和送信那一方也一樣準備好以完全同步旋轉的圓板，相反地，讓通過圓洞而來的光照射到螢幕之上，便可映出影像。

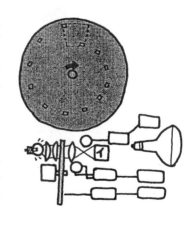

1897 年發明了映像管，1933 年被命名為 Iconoscope 的攝像管也被發明了，變成目前可以利用電子式的掃描方法。

備忘錄◇Device 即為裝置之意，在電腦方面則是指相對於本體的周邊機器而言。半導體素子等電子迴路的部份，也稱為 Device。

對攝像管非常重要的光電物質

對真空管而言，讓電流通過時，正極的電子會散逸出去。攝像管（Iconoscope）便是利用此一電子的特性，給線圈增加磁力線，改變其方向，而在訊號板上進行掃描的攝像管。

訊號板是在薄薄的雲母板上噴上光電物質的微粒子，背面則貼上銀膜。光電物質遇到光，會釋出電子，所以受信後會留下正電，而其背面的銀膜則會帶著負電。如果以電子的特性照射出去，銀膜的負電（亦即電子）會獲得自由，並成為訊號而傳送出去。

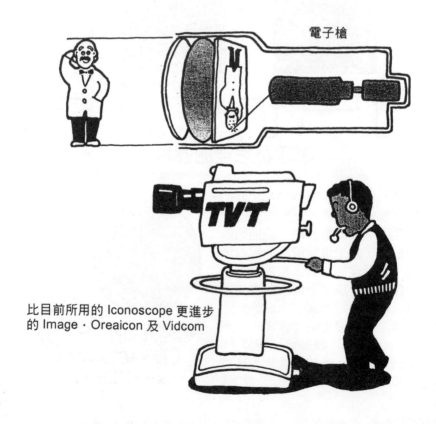

電子槍

比目前所用的 Iconoscope 更進步的 Image · Oreaicon 及 Vidcom

受像管會發光的螢光幕

映出映像的映像管，也是以磁力改變電子束（beam）──電子電波的方向來掃描螢光幕。電氣訊號是按照螢光幕而產生的，所以如果能縱橫雙向掃描畫面，便可將它當作映像來看。

究竟在掃描畫面的哪一個部份呢？如果攝像那一方及受像那一方不是完全同步，就無法成為正確的映像。因此，在電視台除了聲音訊號及映像訊號之外，也同時傳送出同步訊號。如果不是同步的話，畫面的上下及兩側都會產生差異。裝置於電視中的垂直同步、水平同步，便是調整這些差異的設備。

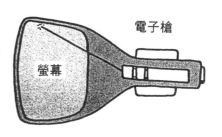

電子槍

螢幕

■抑制閃爍不定的飛越掃描

以電視映像的 1 個畫面份而言，掃描的速度為 1／30 秒，速度非常迅速。所以，我們等於是在看動畫。

畫面的掃描，是沿著掃描線從左到右，再從其下方的掃描線從左到右，依照順序進行。1 秒鐘內掃描 30 個畫面，這樣的速度仍會產生閃爍不定的情氣，但事實上，是以飛越的方式來掃描的，也就是由上往下每隔一條掃描線便掃描一次。而以上下兩次的掃描來完成一個畫面。

1 個畫面份的掃描線是 512 條

備忘錄◇如果程式中有任何錯誤，電腦就不會如願以償地替我們工作。這種錯誤稱為 bug（蟲）。

聲音及映像的記錄

將錄音機及錄影機的聲音、映像記錄下來的結構，是利用殘留磁氣而成立的。

簡便的錄音機

普通的鐵釘被磁鐵吸住之後，即使拿開磁鐵，鐵釘仍具有磁力。此時，可稱為鐵釘被磁化，而鐵釘上的磁力則稱為殘留磁氣。

利用電磁鐵改變電流的方向，便可改變變成磁鐵的鐵釘的 S 極及 N 極。

錄音機是利用此一殘留磁氣，將聲音電流記錄下來。錄音帶本身是一種薄薄的塑膠帶，上面塗著容易磁化的鐵粉。錄音時，便用磁頭的電磁鐵讓聲音電流通過，此時，從電流所產生的磁力線，會根據磁頭改變強弱及方向，而錄音帶也會被磁化。播放錄音帶時正好相反，磁頭會和錄音帶的磁氣產生反應，而通過電流（電磁誘導法則）。因此只要增幅電流，在擴音機裡成為聲音，便可讀取出來。

除此之外，在錄音用的磁頭前面有所謂的消音磁頭，另外一個電磁鐵會發揮其作用。前面已經錄過音的錄音帶，會先消除磁氣，然後再以錄音磁頭記錄下新的聲音。

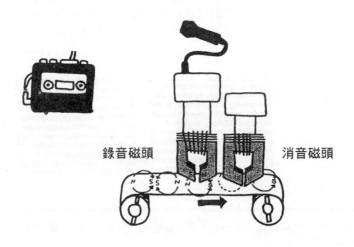

錄音磁頭　　　　　　消音磁頭

稍大一點的錄影帶

我們所說的錄影機便是 VTR。

將映像及聲音記錄下來的錄影機，其構造和錄音機幾乎相同。除了對映像訊號的記錄外，比起聲音訊號需有非常多的資訊量。所以，需要記錄的面積也變得更廣大。也就是說，只需聲音的錄音機只有卡帶在旋轉而已，但錄影機則是磁頭逆向旋轉。

卡帶的播放速度 1 秒鐘約 5 公分左右，但錄音機的磁頭和錄影帶的接觸部份，其速度秒速約 38 公尺，兩者有如此大的差異。不僅如此，在錄影機錄下畫面時，是同時使用 2 個、4 個，有些機甚至有 5 個之多的磁頭，而磁頭的旋轉部份將錄影帶斜向地纏繞起來，以增加錄影帶播放時每個單位的資訊量。

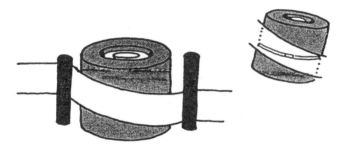

錄影帶是斜斜地纏繞在磁頭上的

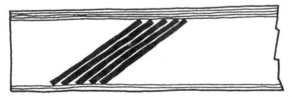

影像訊號也是斜斜地記錄於錄影帶上

備忘錄◇設計電腦的程式時，最辛苦的便是 Debug，這是指修正已經完成的程式上細微錯誤的作業。

從真空管到半導體

想辦法便可整流及增幅電流的是真空管。電氣製品中便是裝置真空管以代替電晶體。

陰極和陽極

　　電燈泡是將鎢絲裝入玻璃管之中，然後抽掉空氣。如果在其中裝入另外一個金屬板，而將陰極（鎢絲）和陽極（電池）連接在一起的話，便會有電流通過一無所有的真空之中。

　　此一現象，是從事於研究碳素燈泡的改良的愛迪生（Thomas Alva Edison 1847～1931）所發現的，所以稱為愛迪生效應，但愛迪生本人並對此一現象抱有太大的興趣。

　　事實上，此時從鎢絲中躍出了熱電子。

　　在真空管中，將相當於鎢絲的極板稱為陰極，而另外一張金屬板則稱為陽極。

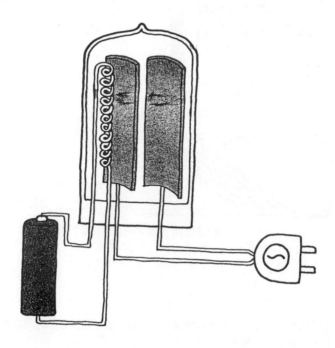

二極管的作用

　　將陰極、陽極、電池連接時，如果使陰極呈正極，陽極呈負極，則從陰極躍出的電子會被陽極的負電所吸引，而通過電流。將電池的正極和負極倒反過來時，電子會被陽極的負電所排斥，電流就不會通過。讓像交流一般的正電及負電通過富於變化的電流時，就會產生單方向，單行道式的整流作用。

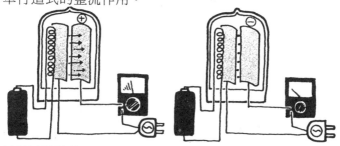

三極管的增幅作用

　　在陰極和陽極之間追加第三個電極便成為三極管。三極管的電極稱為 grid（蓄電池中的鉛絲，真空管中的柵極），而它會妨礙或增加由陰極釋出的電子。

　　讓 grid 通過負電時，電子會受排斥而無法流動。相反地，讓 grid 通過正電時，電子會被吸引，加速地流向陽極去。

　　也就是說，視在 grid 上所加的電壓而定，以增幅電氣。

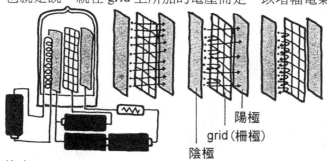

陽極

grid（柵極）

陰極

備忘錄◇像 CD 突出來的頭那樣，幾乎不必等待便能找出曲子（以 CD 而言）的機能，稱為 Randomaccess。

半導體的兩種類型

半導體具有介於導體和絕緣體之間的性質，如果將它好好地組合起來，便可像兩極管或三極管一般，產生整流作用及增幅作用。半導體通常是使用矽的元素。那麼，接著我們來看半導體的製造方法。

電子太多的 N 型半導體

矽的原子包括有 4 個自由電子，而普通的矽結晶，是以個別的矽電子去和隔鄰的矽電子相結合，所以非常安定。以如此方式結合完成的現象稱為共有結合。純粹的矽結晶沒有自由電子，所以無法使電流通過。

有鑑於此，矽結晶之中必須加入微量的雜質。比方說，將含有 5 個自由電子的磷的原子和矽相混合，進行共有結合時，會多出 1 個電子。這個多出的電子，便具有傳送電流的作用。

將磷和矽相混合，由電子傳送電流，這種類型的半導體，稱為 N 型半導體。

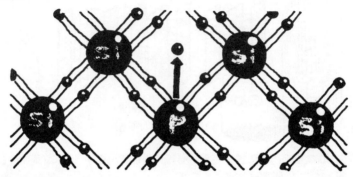

電子不足的 P 型半導體

　　將含有 4 個自由電子的矽，和比它少 1 個只有 3 個自由電子的硼相混合時，會形成和 N 型半導體相反少一個電子的結晶。

　　由於電子不足，因此如果要讓電流通過的話，半導體方面會準備在缺少電子的缺口裡接受電子。反過來想，就變成缺少電子的缺口會按照順序移動，此時，電子不足的缺口（稱為正孔）開始傳送電流。將矽和硼相混合，由正孔傳送電流，這種類型的半導體，稱為 P 型半導體。

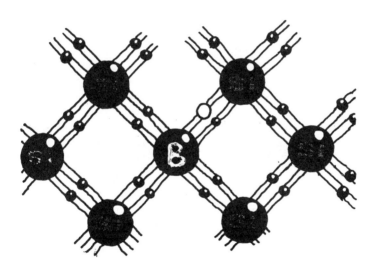

Si：矽
P ：磷
B ：硼

備忘錄◇CAD／CAM（computer aided design／manufacturing）便是利用電腦去完成設計製圖及加工製造之意。Aided 即為「借助」之意。

利用二極管整流

　　將 P 型半導體及 N 型半導體相接合時，便可獲得只讓電氣向單方向流動的整流作用。

　　將 P 型半導體接上正電極，N 型半導體接上負電極，則正孔及電子分別和自己的電極相排斥，而向接合面前進，流向對方的領域。此時，是電氣在流動。相反地，如果將 P 型半導體接上正極，N 型半導體接上負極，正孔和電子都分別被自己的電極所吸引，不會朝向接合面流動，因此，電流就不會通過。

　　像這樣 PN 接合的半導體，只會讓電流往單方向流動，這稱為半導體二極管，或簡稱為二極管（Diode）。

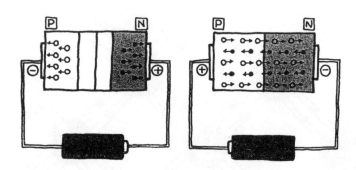

正孔及電子一定是向相反方向流動

鍺的表面

　　電晶體是像真空管一樣將訊號增幅，或是使用組合發振器時所用的半導體零件。它是三位貝爾研究室的科學家於 1987 年，調查鍺的表面性質時所發現的原理。三位科學家分別是巴迪爾、西克雷伊、布拉達，所發現的原理便是電晶體的由來。

　　在鍺的表面豎立兩支針，而在其中的一支讓電流通過時，從另外一支針處可取得更大的電流。他們發現這個裝置。這個裝置被稱為 Transitor‧register，也就是將電流增幅，然後傳送出去的抵抗器的意思，其英文的簡稱為 Transitor，即我們一般稱為電晶體的東西。

以電晶體增幅

　　在鍺上面豎立針的電晶體，稱為點接觸電晶體，相對地，將 P 型半導體和 N 型半導體各 3 個加以接合的電晶體，則稱為接合型電晶體。

　　因為是 3 個，所以又分為以兩個 P 型夾住 1 個 N 型，以及以 2 個 N 型夾住 1 個 P 型兩種型式。

　　被接合的半導體，稱為 Emritter、Base、Collector。夾在中間的 Base，做得非常薄。舉例來說，我們現在來想一想 NPN 的電晶體，給 Base 或 Collector 加上正電壓時，從 Emritter 到 Base 的電子大部份都是通過 Collector 而流進去，而電子的量很少，乃是因為 Base 做得非常薄的緣故。從另一角度來看，只需讓一點點的電流流過 Base，便可從 Collector 取得大的電流，這便是電晶體的增幅作用。

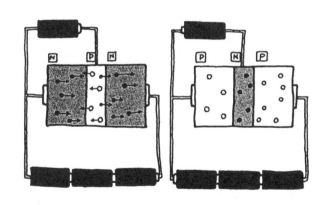

兩種不同的接點型電晶體

備忘錄◇在學校上課或企業的內部教育訓練，利用電腦的情形日益增多，這種情形稱為 CAI（Computer assited instruction）。

FET 可將門打開又關上

有一種電晶體稱為電界效果型電晶體（FET）。

它是在半導體的側面貼上稱為 Gate 的電極，而兩端突出一種稱為 Source 或 Drain 的端子。

在 N 型半導體中，擔任輸送電氣角色的是電子，但在 FET 中，給 Gate 加上負電壓時，電子會受到排斥，電流也不易通過。

在使用 P 型半導體的 FET 中，輸送電子的是正孔，所以，只要給 Gate 加上正電壓，電流不會通過。

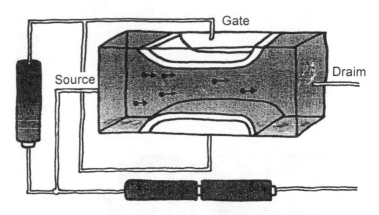

只要給 Gate 加上一點點的電壓，便可
在 Source 或 Drain 上通過大的電流。

■合作乎？單打獨鬥乎？

　　N 型半導體中，運輸電氣乃是電子的任務。這種情形為「電子 Carier」。而在 P 型半導體中，正孔成為 Carier。

　　接合型電晶體是同時利用電子及正孔這兩個 Carier。因此，接合型電晶體也稱為 Vaplar transitor。

　　在 FET 中，Carier 的角色由電子或正孔兩者之一所擔任，這種電晶體被稱為 MOS 電晶體。

變小時就會變快

　　電子會在有規則的結晶之中迅速地移動。在給矽加入些微雜質的半導體結晶之中，如果每 1 公分加上 1 伏特的電壓，則在 1 秒鐘之內電子會移動 100 公分至 1500 公分。從厚 1 公分的結晶那一端到另一端去，只需 1／100 秒到 1／600 秒而已。

　　正孔移動的速度，是電子的 1／3，稍嫌緩慢，但用於電子裝置的半導體零件已愈來愈少，而經過研究之後，也已能讓它高速運作。

現在用顯微鏡也看不見

　　製造電晶體時，是讓雜質透到矽的結晶之中。按照在哪一個領域應加入何種東西的原則，便能製造出有電阻或電容器作用的東西。所以，並不是分別做好電晶體及電阻等零件，然後再將他們組合起來。那麼，是不是一開始便可在 1 張結晶板上製造出迴路？因為有了這樣的想法，於是才產生半導體積體電路（IC）。至於能多麼精密地讓雜質滲透進矽結晶之中，仍有所競爭，結果，隨著集體度的提高，IC已從原來的名稱變為 LSI，又變為 VLSI。

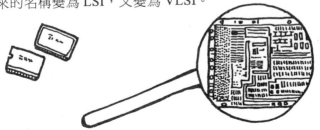

備忘錄◇AI 即為 artifitial intelligence 的簡稱。它是指像人類一般依據思考、推理而行動的人工智慧而言。

積體迴路的製法

在 1 張晶板上製造積體迴路的方法，是依據被稱為 Planter 法、Patho-Etching 法的原理。也就是，利用矽能簡單地製成絕緣用的氧化膜，而按照氧化膜的目的將它溶化，然後讓雜質流進去。

首先，燃燒矽以製作氧化膜。然後在上面塗抹感光性樹脂。其上再覆蓋畫好迴路樣式的覆蓋物，用光照射，此時，照射到光的部份的感光性樹脂便容易溶化。用氟酸為溶劑時，氧化膜及樹脂都溶化掉，達到「留白」的作用。以高溫使硼滲透進結晶之中時，留白以外的部份便再度被氧化膜所覆蓋住。

以同樣的程序，注入磷之後，便形成積體迴路。

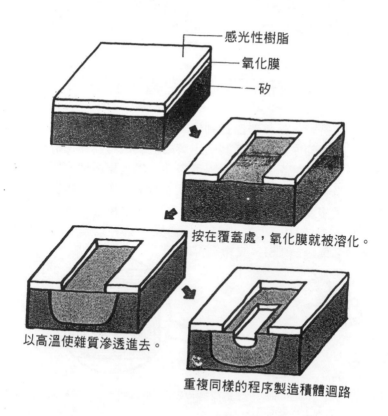

感光性樹脂
氧化膜
矽

按在覆蓋處，氧化膜就被溶化。

以高溫使雜質滲透進去。

重複同樣的程序製造積體迴路

第六章　最尖端的電子技術

超電導的世界

在超低溫的世界中，電阻有時會完全消失掉。此時，並不會有所損失，能充分利用電力。

電阻因寒冷而降低

　　金屬之類的導體，當溫度上升時，電阻便變大而不易通過電流。當讓電流通過時，由於導體本身的電阻而產生焦耳熱，整個發熱，所以非常傷腦筋。儘管如此，電爐及電暖爐便是利用焦耳熱的電氣製品

　　如果使已經變熱的電氣迴路冷卻下來，電阻就會變小，而電流就和原本一樣不容易通過。但若是繼續一直冷卻下去時，又會變成如何呢？此時，電阻會愈來愈降低，如果是某種物質，到了將近－273℃時，電阻會突然消失。

　　由於電阻完全等於零，因此也不會產生焦耳熱，一旦讓電流通過時，即使是除去電源，關閉迴路，電流仍會永遠流動不停。

　　超電導即是指如此完全失去電阻的狀態，1900 年代初期，荷蘭的科學家卡麥里‧歐納斯發現了此一現象。他在數年之間不斷地測定低溫下水銀的電阻，得到愈寒冷電阻愈小的結果。

　　關於電阻會完全消失的理由，有一位名叫柯貝‧裴亞的科學家所提出的說法，目前已經成為定論。他認為，每 2 個電子自成一對，通過導體之中。

對常溫超電導的期待

可產生超電導現象的溫度，視物質的不同而有所差異。所謂的轉移溫度，大多數的物質是約 $-269℃$ 上下。這是將物質浸在液體氦之中加以冷卻時的溫度。

歐納斯在之後的研究，發現了以液體氮冷卻物質的方法，在 $-169℃$ 左右時，成為超電導的物質。那是使用特殊的製法製造出來的一種精密陶瓷。

目前仍有眾多科學家正在繼續研究，想找到轉移溫度更高的超電導物質。如果沒有電阻，電氣的能源便不致浪費，而發電機、馬達、電氣製品的性能也一定會有突破性的進步，並逐漸小型化、輕量化。

最近，有人在室溫之下觀測到，不使用液體氦或液體氮等冷卻劑所產生的超電導現象，引起極大的轟動。但很遺憾地，這件事尚未獲得確認。

可以貯存的電氣

沒有電阻的超電導現象的應用方法之中，最受人注目的是將超電導現象利用於貯存電力的方法。電力是無法保存的，發電之後只好立刻使用它。但是，白天和夜晚對電力的需要有著極大的差異，一到夜晚，電力的使用量就變得很少。

既然如此，只要讓夜間的發電廠「休息」即可。但一考慮到發電廠的效率，就不能那樣做。

為了有效地活用夜間多出來的電力，人們想出了抽水發電及電熱水器等方法。

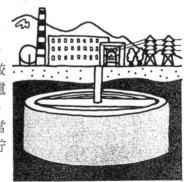

利用超電導，只需在對電力的需要較少的夜間將電力貯存起來即可。一旦讓電流通過時，就不會由於電阻而有所損失，電流會永遠一直流動，將此一永久電流當作電力的貯藏庫之用，而白天便可從此貯藏庫取出電力，將電力傳送出去。

備忘錄◇除了模倣腦神經的構造之外，科學目前也正在研究一種以蛋白質代替矽的電腦。

使磁鐵浮起來的麥斯納效應

超電導狀態會產生非常有趣的現象。如果將磁鐵置於超電導體之上，磁鐵便浮在半空中。此一現象，稱為麥斯納效應（Maissner effect），也就是超電導體的磁鐵完全反磁性。

據說，那是因為在超電導狀態之下，無法接受磁力線的緣故。發自磁鐵的磁力線因為無法穿透超電導體，所以介於磁鐵和超電導之間的磁力線的密度會增高，而被逼退回去，結果便浮在半空中。

受到磁鐵的磁力線的影響，超電導體會流動一種漩渦狀的電流，當電流通過時，就會在其周圍產生磁力線。有人說明那是因為，此一磁力線的方向和來自磁鐵的磁力線正好相反，所以彼此互相排斥的結果。比方說，使磁鐵的 N 極朝向超電導體時，會在和超電導體方向相對的那一面出現 N 極，而變成和以普通的鐵器靠近磁鐵時相反的情形。這種情形，稱為超電導體的完全反磁性。

一旦開始流動起來的電流，因為沒有電阻，所以可以一直流動下去，永不停止。磁鐵會一直浮在半空中，這好像是反重力一樣。

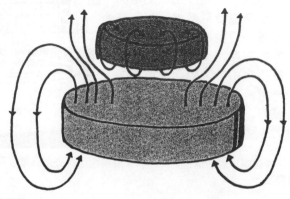

電磁鐵也是超強力

電磁電動車是利用電磁鐵的力量來行駛的，目前正在做試驗性運轉的電磁電動車，也已經開始使用超電導磁鐵，所以，未來超電導的實用化將使電磁鐵的性能提高。

關於太空梭發射方面，科學家們也正在檢討以電磁電動車的原理做水平起飛的可能性。

有一種電磁力推進船的船舶，它所使用的引擎即為電磁鐵，並不需要螺旋槳，如果向海水引起強有力的磁界，讓電流通過其中，會變成什麼樣的情形呢？對了，此時，便需用到佛來明哥的右手法則。如果讓電流通過磁界之中，則會產生和磁界、電流相垂直的力量。但利用此一電磁力使船舶發動，是既無振動也無噪音的電磁力船。

MHD 的新發電方法，是讓高溫的二氧化碳在磁界之中流動。高溫的二氧化碳此時分離成離子，從其中取得電力，已經被火力發電廠當作複合發電的一種方法，目前正在進行實驗之中，如果能加強磁界，便有可能使此一方法實用化。

約瑟夫索恩效應的開關

如果用超電導體將絕緣體的薄膜夾住，絕緣體就會有電流通過，開始成為導體，這就是約瑟夫索恩效應。假使加了磁界，又會成為非超電導，由於具有這樣的性質，因此可以利用磁力切斷電流。一旦將此一作用使用於開關，就會成為完全新型的積體迴路。

約瑟夫索恩素子的迴路，可以製造出只需目前電腦 1／10 電力卻有 10 倍功能的電腦。

夾在絕緣體之間的超電導，必須是十億分之一公尺（manoator）的厚度才行。而 1 manoator 乃是一百萬分之一毫米，所以，也必須具有製成薄膜的技術。

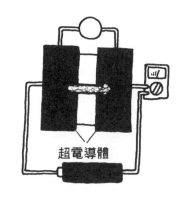

超電導體

備忘錄◇Optelectronics 的 OPT 是光的意思。而使用鐳射光的 CD 及光纖通信便是其代表性例子。

電腦是會思考的機器

替人類思考，以數倍於
人類速度進行計算的電腦，
是電子技術的結晶。

輸入、演算、輸出

電腦可大致分為輸入裝置、演算裝置及輸出裝置，任何電腦都是由此三部份所構成。

談到電腦的本體，便是指演算裝置而言，但如果沒有發出指令的輸入裝置，電腦就無法做任何事情。同時，電腦也需要為了知道計算等結果而設的輸出裝置。

本體的內容是什麼？

在電腦之中，依照指令而計算，以及依照條件而判斷的現象稱為演算。而電腦的本體，也就是演算裝置之中，又進一步分為三個部份

在輸入裝置和輸出裝置之間，有來往的便是 I／O interface。I 便是 input，O 便是 output。

Memory 便是將指令及資料記錄下來的記憶迴路，一般都有 ROM 及 RAM 兩種。

ROM 為 Read Only Memory 之意，也就是將指令及資料一一讀取的記憶體，由於是專用於讀出（Read out），所以也稱為唯讀記憶體。向製造商訂貨時，通常都已經有某種程度的程式，以及在畫面上為了顯示及印表等文字的資訊，只需依照說明去做即可。

RAM 則是 Random Access Memory 之意，也就是使用者將程式及資料加以記錄下來的部份，也稱為隨機存取記憶體。為了要在電腦裡處理複雜的工作，RAM 的容量必須在關掉電源時，使記錄於 RAM 之中的內容消失掉。但最近有一種 RAM 的本體具有 Battery，也就是一組一組的電池，即使關掉電源之後，記憶也不會消失掉。

而實際上執行演算處理的部份，便是稱為 CPU 的積體迴路，也就是微處理機，通稱為中央處理器，為 Central Processing Unit 的簡稱，它是一部微電腦的心臟，包含有電腦中的計算邏輯部份及控制部份的功能。

不下指令就不動

　　發出指令或將資料記入電腦之中，稱為輸入，普通是使用鍵盤或滑鼠來輸入。用鍵盤將文字或數字打進去，即是輸入。而滑鼠則是用於從畫面上所顯示的選擇項目中，選出適當的數目。遊樂專用的電腦所使用的 Joy Stick，也是輸入裝置的一種。

結果顯示於畫面上

　　正如我們已經知道的，向電腦發出指令時，幾乎都是一方面看著畫面顯示，一方面輸入。而在畫面上顯示，則有使用布勞思管（Braun 管），以及液晶兩種。

　　布勞恩管是普通的電視所用的真空管其中一種，畫面外表和電視機幾乎沒什麼兩樣，只不過沒有頻道鈕而已，這種顯示被稱為 CRT Display，也有可以在普通電視上顯示的電腦。

　　液晶顯示用於攜帶型膝上個人電腦，以及更小型的筆記型個人電腦。當然，電子計算機及口袋型電腦（也稱為觀數電算機、程式計算機）的顯示部份，也是液晶顯示。

　　其他的輸出裝置，包括將結果列印出來的印表機。

備忘錄◇普通的電子影像攝影機，不是將軟片感光，而是將影像轉換為電氣訊號，像錄影機那樣將訊號記錄於磁帶上。

重要的資料應保存下來

電腦的機器部份稱為硬體，而為了運作所需的程式則稱為軟體。

程式是由鍵盤打進去的，但如果是複雜的指令或所處理的資料較多時，有時僅僅是輸入就要花去很多時間，若是希望往後多次利用資料，卻每次都需重新輸入，那就失去電腦的意義。可以將程式及資料保存下來，而能重複利用多次的便是電腦的外部記憶體（External Storage），也稱為輔助記憶體。分為 Cassette TapeDeck、Floppy Disc Drive、Hard Disc Drive、CD-ROM Drive。

Cassette Tape Deck 及 Floppy Disc Drive

將遊樂或商業用的處理程式裝在 Cassette Tape Deck 或 Floppy Disc Drive 裡的稱為 Applaction Soft，將這個東西買回來，裝在 Tape Deck 或 Disc、Drive 上便能立即使用。

Cassette 及 Floppy 都是使用非常簡便的東西，而除了用於 Applaction Soft 之外，也用於自己製作的程式及資料，使用它們來記錄十分方便。

Cassette Tape 可以使用普通的音樂用錄音帶。Floppy Disc 是將塗上磁性體的樹脂製圓板置於盒中。數年前大小為直徑 8 英寸，不過目前仍以 5.25 英寸為主流。

在個人電腦輕量化、小型化的發展中，更小而裝在稍硬一點的口袋裡的 3.5 英寸 Floppy 也開始普及了，連可以放在手掌裡的 2 英寸的 Floppy Disc 都已經問市了。

Cassette Tape 也塗上磁性體，記錄的方法也是一樣的。

可以裝得很多的 Hard Disc

Floppy Disc 是使用樹脂板製成的，相對地，HardDisc 則是在金屬板上磁性體。

因為其容量為 Floppy Disc 的數十倍之多，所以，需要處理大量資料時，如果使用 Hard Disc 的話，就沒有使用 Floppy Disc 那麼麻煩，得將數片磁碟片拿進拿出。

今後的 CD ROM

和把用於記錄聲音的 Cassette 作為記錄裝置之用一樣，為了代替唱片的音樂記錄方法而被開發出來的 CD，是目前唱片的主流，而 CD 之上記錄電腦程式及資料的便是 CD-ROM。

1 片 CD 可以記錄 500 以上 Floppy Disc 的資料，將整套百科全書的內容納入也仍無法填滿，所以所容納的資料非常可觀，正如其名稱 ROM 的意思，它和唱片及 CD 是一樣的，都無法自行將資料記錄進去。

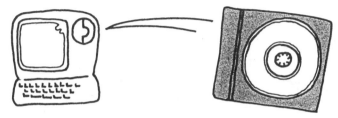

備忘錄◇砷半導體如果加上電壓，就會發振出鐳射光，光纖通信用的半導體，便是利用鐳射。

電腦的點點滴滴

以微電腦控制機器

要想使飯煮得好吃的關鍵在於火候，開始時是微火，然後中火，最後用很旺的火，一般人都會這麼說，但真正做起來卻不容易。現在的電子鍋，已進步到裝置一個小型電腦加以控制。

照像機、冷氣機等各種機器，大多是以微電腦控制機器的機種。

電子計算機便是自動計算機

電腦以前稱為電子頭腦，也稱它為電子計算機。如果以電子計算機代替珠算算盤及計算尺，只要按一按數字鍵，便可得到答案。

無論是加減、乘除、平方根或三角函數，都能立刻替我們計算出來。電子計算機是一個小型的電腦。

電視遊樂器是我們的玩伴

自從市面上的遊樂場的「侵略者遊戲」大為流行之後，使用電腦的電視遊樂器也廣受歡迎，大行其道。

如果買回已有程式的卡帶及磁碟片，在自己家中和電視機連接起來，便可享受各種遊戲的樂趣。

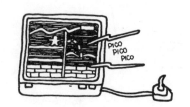

新的筆記用文字處理機

不需要稿紙及鉛筆，卻能列印出整理得很好的文章，便是文字的電腦。它是將文字轉換成數字而「計算」的電腦。商業事務的機種價格會稍貴一些，不過，價格剛好的個人用文字處理機已經很普及了。

電腦比汽車便宜

在職場的帳簿及顧客管理方面，以電腦來作業已經不稀罕了。辦公專用稱為高功能的個人電腦種類，也稱為個人電腦。

個人電腦的價格約數萬元左右，只要有程式，也可以作為遊樂或文字處理機之用，所以，個人購買這種電腦的情形極為普遍。

巨大的超級電腦

電腦的價格，簡單地說，是和其資料容納量及速度成正比。個人電腦、工作站、泛用電腦、微電腦、超級電腦……，電腦的機種非常多，而價格也依此順序愈來愈高。超級電腦是一部值數千萬元的高級機器。

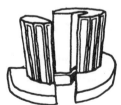

備忘錄◇OCR（optical character reader）為光學式文字讀取裝置，不必每次都敲按鍵，只需像影印一般閱讀文字即可。

以二進法思考

在電腦之中，是以 0 和 1 的二進法來表示程式及資料的文字、數字，並加以處理。

普通所使用的數字，是以十進法來表示，也就是用從 0 到 9 等 10 個數字，每 10 個就進位。

在二進法中，則只用 0 和 1 這兩個數字而已。如果以二進法來表示的話，十進位的 2 就變成 10，而 3 就變成 11。

0 或 1 這樣的資訊單位，稱為 Bit，而 Bit 的數就成為二進法的位數。1 Bit 所能表示的資訊，只有 0 和 1 兩種，但只要使用 2 Bit，便可表示 00、01、10、11 等 4 種資訊。

電腦通常是以二進法的 8 位、8 Bit 來處理資料。這樣一來只有 0 到 9 等數字、26 個英文字母便已足夠。8 Bit 也稱為 1 Byte。國字因為文字數太多，所以必須用到 2 Byte。

在電腦的記憶迴路及演算迴路，是依照裝置於其中的電容器是否已充電，或者電晶體的開關是否已打開而進行運作，並以二進法的資訊讓它們記憶程式及資料。

錄音帶及唱片是依照記錄於磁性體的 N 極及 S 極的方向而開始辨別資訊的。

※10 進法與 2 進法

10進法	2進法
1	1
2	10
3	11
⋮	⋮
14	1110
15	1111
16	10000

■電晶體的開關

舉例來說，使 NPN 型的電晶體 Collector 那一側成為正極，Emritter 那一側為負極，將電源連接起來，由於整流作用，電流並不會通過，但如果在 Emritter 和 Base 之間讓一點點電流通過，就會在 Collector 那一側開始流動較大的電流。這種電流，大約為通過 Base 電流的 100 倍之多。

電話機及錄音機的擴音器，便是利用此一增幅作用，使小的聲音電流從受話器及揚聲機中傳出，聽得清晰。利用小的電流，使大的電流流動，為兩者的原理。

如果能注意到這一點，便有可能將電晶體當作開關來使用。

使用電磁鐵的開關，是讓電流通過線圈，以電磁鐵的力量開或關。但如果使用電晶體的話，只要 1 個半導體素子便可做到同樣的事情。

整部電腦都是開關

電腦是將文字及數值的資料改變為二進數（以二進法來表示數字），然後加以計算。

在電腦的領域之中，進行計算或比較大小稱為演算，而成為二進法演算的基本，是 AND、OR、NOT 這三種迴路。

任何演算，都可以用這三種迴路的組合計算出來。而且，僅僅是二進數一位的加法也是將三種迴路 10 個以上同時加以組合。

因為 AND、OR、NOT 分別的迴路的開關部份，都是使用電晶體之類的半導體素子，所以，整個電腦可以說有幾千、幾萬個素子留在演算迴路之中。

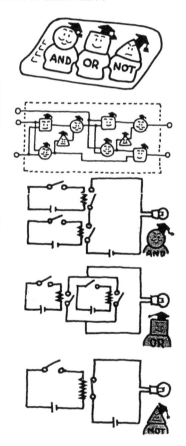

AND

將兩個開關串聯起來便是 AND 迴路。如果不是打開兩方開關，電流就無法通過，所以也稱為邏輯迴路。

OR

這是將兩個開關並聯起來，只要打開兩個開關中的一個，電流就會通過，也稱為邏輯和迴路。

NOT

這是和開關的作用相反，逆接點繼電器的構造。如果不輸入，出力電流就不會流動，但若是輸入，出力電流就切斷。也稱為否定迴路。

備忘錄◇讀出郵遞區號的機器，也是簡單的 OCR。讀取條碼及電腦閱卷機的裝置稱為 ORM（Optical mark reader）。

正往細密化發展的積體迴路

電腦所能處理的資訊量及處理的速度，是電腦能力的指標。為了增加資訊量，只需增加記憶裝置（Memory）的容量即可。現在科學家正在進行研究的積體迴路，是大小和 IC、LSI、VLSI 相同，但能記憶更多資訊的積體迴路。

資訊量的單位是 Bit，1 Bit 能以電晶體和電容器的組合來表示。電腦所使用的集體迴路，是約 5 厘米平方的 Tip，而這 Tip 能在僅僅 5 厘米平方大小的地方蓄存 256000 Bit 的資訊，這種積體迴路稱為 LSI。也就是說，有 50 萬個電晶體及電容器等半導體素子裝置於其中。

不僅如此，目前主流即將達到其 4 倍的 100 萬 Bit 的記憶裝置，或 400 萬 Bit 的記憶裝置，這麼一來，素子的數目就有 800 萬個。即使想看積體迴路的配線，也非拿顯微鏡來不可。配線的寬度比／Microm（千分之一毫米）更細。可以做非常細微的加工。

像這樣進行非常細微的加工，是因為利用鐳射光的緣故。光的波長愈短，便愈能將其焦點凝聚。而以此短短的波長所實現的，便是所謂的鐳射技術。目前的 256000 Bit 及 100 萬 Bit 的 LSI，是使用氣體鐳射的一種水銀燈的製法所製成的。

而此一製造方法，有其極限，將來當需要 6 千 4 百萬 Bit 的記憶裝置時，配線的寬度就必須是 0.3 Microm 那麼精密了。使用水銀燈法的鐳射光，是無法加工的，能使積體度成為可能，雖同樣是氣體鐳射，但它是利用氪和氟混合的氣體，稱為艾克西瑪鐳射法。

電腦的開始

　　1944 年，在美國已經製出可將數千個電磁鐵的開關組合起來的計算機。連真空管都未用到。製造這種計算機的目的是為了計算核分裂。

　　據說為了計算飛彈的彈道而製造出來的電子計算機，便是此一歷史上最初的電腦。那是 1946 年使用了 1 萬 8 千支真空管，數量十分可觀。為了要將熱加以冷卻，需要有巨大的空氣調節設備。程式是使用固定配線式，每次變更時，都要換掉帶著電線的插頭。

　　以二進法計算的電腦，在 1949 年間誕生於英國。它只用 4000 支真空管便已足夠，這種電腦能讀取記憶迴路的程式，並加以計算，而結果便在 CRT（映像管）上顯示出來，這便是目前電腦的原型。

　　日本最初的電腦誕生於 1956 年，使用 2000 支真空管，可以處理設計透鏡的複雜計算。

　　可以說是 OA 第 1 號的日本國鐵座位指定系統，是 1960 年開始的，程式是固定式，將 2600 個電晶體組合起來，能預約特快車 4 班 2 星期份的座位。它也採用表示空位狀況的小型布朗管（Braun tube）。

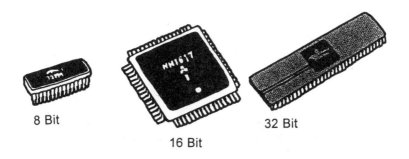

8 Bit

16 Bit

32 Bit

備忘錄◇想利用光線來照射，以讀取磁氣所記錄下來的資訊，便是光磁碟，它和 CD（ROM）不同，能自行記錄資訊，這一點便是其妙處。

Fuzzy 是混沌理論

　　電腦完全合乎合理主義。0 或 1 兩者之中的任何一個，都不允許有模糊不清的情形。以前的電腦便是如此。以熱和冷為例，無論是稍微冷一點或冷得不得了，都是以「冷」一筆帶過，說得極端一點，「涼爽」、「暖和」也都是以「冷」、「熱」兩字概括了。

　　「稍冷」的寒冷指數是 0.2，「相當冷」則是 0.9，像這樣考慮到程度的不同，能廣泛且富於彈性地應對各種情況，並引起大家注目的便是 Fuzzy 理論。Fuzzy 這個字是指模糊不清之意，它是美國的人類工學（Cydernetics，也稱為神經機械學）學者薩帝教授所提倡的理論。人類工學簡單地說，就是現在所說的 AI，也就是人工智慧，是複雜的電腦與人類神經系統的比較研究。

　　以剛加入日本政令指定都市行列的仙台市為例，在成為政令指定都市的同時，也開通了該市的地下鐵。仙台市的地下鐵是以 Fuzzy 電腦進行管制的。此一系統，能依照路線的彎曲及乘客擁擠的程度，微妙地控制電車的速度。它予人有一種由熟練的駕駛所操作的舒適感，而廣受好評。

　　根據經驗及直覺，人類稱不上合理判斷的自動化 Fuzzy 電腦，經過嘗試之後，已經在化學工程及證券投資系統方面使用，並逐漸實用化，自動對準焦點照像機、空調機、洗衣機等家電製品，也有利用 Fuzzy 理論的。Fuzzy 的演算迴路，需有比過去多 1 倍以上的素子，不過，已被認為更像是人的電腦，今後的研究也有可能日新月異，不斷地發展下去。

用 Fuzzy 理論去思考，以神經網路（Neurnet）作為思考迴路，如此一來，電腦將會愈像人類

模擬人類電腦的神經電腦

以 0 或 1 的二進法的處理，忠實地依照人類所準備好的程式去實行計算的電腦，是出生於匈牙利並移民至美國的「電腦之父」弗恩‧那馬博士的想法，目前電腦都是依照他的想法而設計，並稱為那馬型電腦。

那馬型電腦有其不擅長處理的領域，也就是處理影像及辨別文字、聲音的基本型的能力非常不好。

再者，作為人工智慧而稍具實用性的系統中，有一種稱為專家系統（Expert System）。不過，要將醫師、教師等具有專業知識者的知識教給電腦，會非常辛苦。

電腦是模擬人類數億個神經纖維複雜地糾纏在一起的頭腦，將判斷迴路當作有機的迴路網（Network）而組合起來的。而大家都在期待，將來正式的 AI（人工智慧）能實現，可以靠著經驗去學習，並將知識儲存下來。

目前已有簡單的神經電腦（Neur Computer）被利用於股價及行情的預測，目前以 Fuzzy 理論進行運作的神經電腦的開發，正在進展之中。

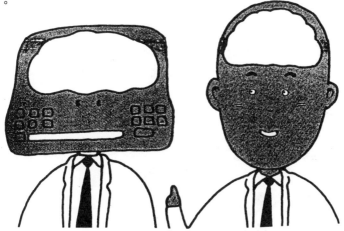

備忘錄◇以音質的優良而博得好評的 DAT，可以將聲音轉換為數值訊號，並記錄下來，同樣地，想將影像以數值訊號記錄下來的數位 VTR 也正在研究之中，未來必有更進一步的發展。

鐳射——新的光線

繼電波之後，利用光線的高級電子科技時代來臨了。成為其基本的是鐳射光線的技術。

和普通的光線有何不同？

光的波長非常短，也就是頻率很高，它屬於電磁波的一種。我們也可以說，電磁波的一部份由我們看起來是光。

物質的基本單位是原子，而在原子核的周圍，有若干的電子在旋轉著，通常，它們會保持一個安定的軌道，偶然和其他的電子相衝突時，就會稍微紊亂，但之後立刻恢復原來的狀態。此時，會放射出非常小的光（電磁波）。那是電子釋出由於衝突而獲得的能量。

在此一情況所放射出的光，是一種振動的電磁波，不過，振動的方向及頻率並不一定。這種情況，稱為自然釋出。自然的光，是振動方向不一致的光的集合。

但是，當電子準備恢復原來的狀態時，如果從外部以光（電磁波）照射它時，就會釋出只和所照光線同一方向振動的光。頻率也變成一樣，而位相將相同的光加以增幅。此一現象，稱為誘導釋出。

自然光隨著其進展會擴散下去，但被誘導釋出的光，其指向性較高，而能量較大也是一大特徵。這便是鐳射，以誘導釋出加以增幅的光。如果不是使用光，而是使用微波（Microwave，雖不像光那樣，但仍是波長非常短的電磁波）照射它的話，稱為 Maser。

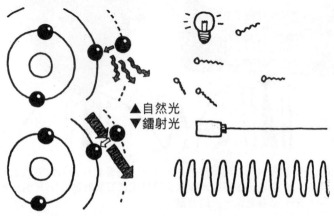

▲自然光
▼鐳射光

有關鐳射的各種事項

鐳射光依照其使用何種物質進行誘導釋出，鐳射光線分為很多種類，而用途也不一而足。

半導體鐳射被利用於光纖通信、鐳射唱片及電腦的鐳射印表機等等方面，用途十分廣泛。

在氣體鐳射之中，是使用水銀蒸氣而發振、增幅的，它對於 LSI 的製造有著極大的助益。而使用銅蒸氣的鐳射，則被應用於作為核能發電燃料的鈾的濃縮。

另外，以二氧化碳鐳射而言，在醫療用的的鐳射刀及以電腦控制的機械加工方面，也被廣泛地利用，非常活躍。

輸出率高而波長短的艾克西碼鐳射，在不久的將來很有可能被利用積體迴路的製造。而波長短的 X 線鐳射及能自由地改變自由電子的鐳射研究，也已經展開了。

不會流血的鐳射刀

鐳射光線具有很高的能量，如果將鐳射集中於一處加以照射時，一瞬間便能產生高達 1500 度左右的高熱。鐳射刀就是利用這種熱度切開肉體組織。雖說如此，它是在一瞬間使組織蒸發掉，而且其指向性也高，所以並不太會受到高熱的影響，也不會留下燒焦的痕跡。

用鐳射刀切開肉體組織時，被切開的微血管會立刻產生熱凝固的現象，所以比起使用普通的外科手術用的二氧化碳鐳射，幾乎不會出血。普通的外科手術，是使用二氧化碳鐳射，而眼睛手術所使用的是氬鐳射，如此依照手術部位的不同，使用於手術刀的鐳射種類也有所不同。

備忘錄◇磁性體記錄的技術愈來愈進步，錄音帶的記錄密度也提高了。目前已有畫質良好的 S-VHS、EDBata，以及小巧的 8 毫米攝影機。

以光纖通信代替電波

光纖通信是利用光代替訊號來通信，以取代電波通信或電氣通信。因為一次所能發出的資訊量很多，所以，可以一方面用 FAX 傳送文件，一方面也可以和對方通電話。目前有能看見對方的表情，而且是彩色的畫面。

光纖通信是使用半導體鐳射發信，而發信那一方的受光素子，將光訊號變成普通的電氣訊號，而迴線則是雜音不易滲入的光纖電纜。

因為訊號在中途會減弱，所以需要有一個在中間轉接的中繼站，過去大約每 1.5 公里就要設置一個中繼站，但利用光纖通信，則只需要每間隔 30 公里有一個中繼站即可。

光纖通信在今後高度資訊化社會的新時代中，是不可或缺的基本技術。不使用光纖電纜，而直接將光向空間發射的方法，在地上也會遇到大氣及風雨的妨礙，但科學家正準備將它利用於宇宙空間裡。

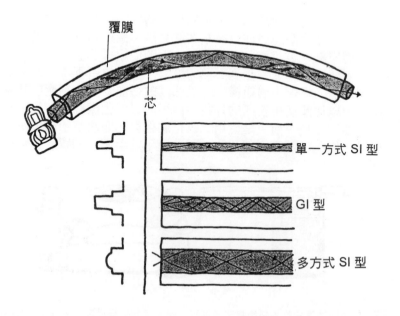

覆膜

芯

單一方式 SI 型

GI 型

多方式 SI 型

光纖電纜最後由直徑決定

在電纜的保護被膜之中，約有六支將數條光纖合起來的東西。光纖本身是由直徑約 0.15 厘米左右的石英玻璃纖維所構成的。因為玻璃本身是絕緣體，所以並不需擔心會有電氣所造成的雜音。

鐳射光線會完全筆直前進，但要將迴線電纜一直筆直地設置於地面，是不可能的。為了使光在彎曲的電纜之中自由自在地前進，而光纖的內側和外側使用彎曲率不同的玻璃纖維。帶著訊號的光，是從芯的部份傳送出去，而在覆膜的外側部份，彎曲率必須較低，所以光會反射而無到外側去。

雖然已經設計出幾種不同的光纖，但主要被利用的仍是芯部份的直徑約 0.05 厘米的 GI 型光纖，今後大致會變成如此。光纖電纜芯的直徑更小，適合於大容量、長距離的通信，稱為單一方式 SI 型。為了要使大陸與大陸之間不需經過中繼而聯結起來，科學家們目前正在研究使用鋯系的玻璃作為光纖。

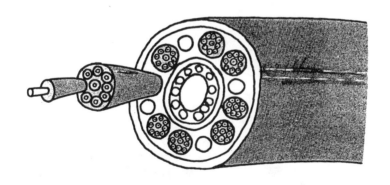

**如果全用光纖電纜連接起來，
資訊通信將會愈來愈正式化**

備忘錄◇利用有線播送，有可能由觀眾選擇自己想看的節目，並支付看過部份的費用。這種方式稱為 Pay Per View，在美國的 CATV 系統，已採用此一方式。

有圖像出現的唱片、鐳射碟片

　　錄影機是以使用電磁鐵的磁頭讀取記錄在錄影帶上的訊號，並將其再生為映像及聲音，而在鐳射碟片中，訊號是被記錄稱為 Pit 的一連串小小的凹凸體，而在放映機上，則裝置了半導體鐳射發振機，以鐳射光線照射碟片，讀取 Pit 的長度，然後將其再生為映像及聲音。

　　將映像、聲音訊號作為 FM 的變調，並且進一步將其轉換為光訊號，成為以 pit 表示的訊號，一一記錄下來。因此，鐳射碟片無法像錄影機那樣自行錄影，但因為是採用鐳射之拾音器的方式，所以磁頭並不會接觸到碟片的表面，無論播放多少次，畫質也不會減低。

　　和作為電腦輔助記憶裝置之用的硬式磁碟、軟式磁碟等磁氣碟片技術結合起來，而能修改的光磁碟，也普遍問市。

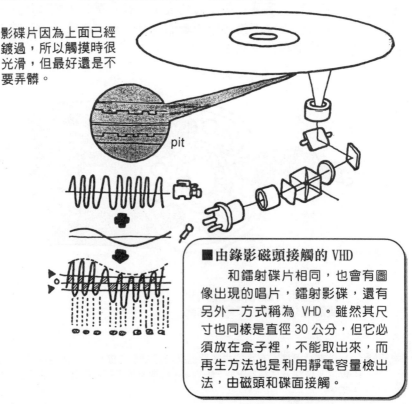

影碟片因為上面已經鍍過，所以觸摸時很光滑，但最好還是不要弄髒。

pit

■由錄影磁頭接觸的 VHD

　　和鐳射碟片相同，也會有圖像出現的唱片，鐳射影碟，還有另外一方式稱為 VHD。雖然其尺寸也同樣是直徑 30 公分，但它必須放在盒子裡，不能取出來，而再生方法也是利用靜電容量檢出法，由磁頭和碟面接觸。

數位式錄音及 CD 唱機

　　直徑 12 公分的 CD（Compact Disc），由於能再現品質非常高的聲音，因此很快便普及了。理由就在於其使用數位聲音的方式。也就是將音樂以 PCM 變調的方法加以數位化，而其符號被當作 pit 刻劃在碟面。pit 是非常細小的凹槽，所以用光線照射碟片時，就會像彩虹一般地發出光亮。

　　要使錄音下來的數位聲音再生、播放出來時，就要和鐳射碟片一樣使用鐳射拾音器，以鐳射光線照射，測定反射光，而將其改變為聲音。因為它和過去的唱片不同，並不用唱針，所以磁頭並不會磨損，這便是 CD 吸引人的地方。

　　直徑 8 公分的單式（Single）CD 大受歡迎，已取代唱片的地位。

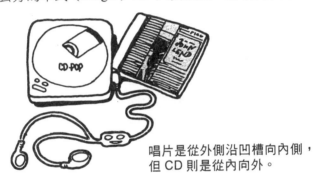

唱片是從外側沿凹槽向內側，
但 CD 則是從內向外。

■DAT 也能錄音？

　　DAT（數位錄音帶）是使用磁帶，聲音則以數值來表示。因為是磁性記憶方式，所以也能自行錄音、翻版。

　　為了保護著作權，有無法從 CD 翻版的機種。在國外，則已有允許只能從 CD 翻版一次的類型。

備忘錄◇將幾條線路份的數位通信合起來，傳送到迴線去處理，稱為 Packet 化，而此方法之一便是 DDX。長距離通信時，費用也很便宜。

電視的新時代

聲音多重及文字多重的衛星播送、Hi Vision 的電視新時代已經揭幕了。

正式化的衛星播送

衛星播送是以高於地面的電視台用於電視播放的頻率帶 10GHz 以上的電波，因為有如此的高頻率，所以便有可能做 Hi Vision，具有鮮明的影像，以及 PCM 聲音播放為代表的良好音質，真正可以說是 AV 時代的最佳大眾傳播媒體。

從地面的總台上空的播送衛星所發射的電波，衛星將已增幅過的電波向地面播送，然後由各家庭的碟型天線，即俗稱的小耳朵受信，這種方式稱為直接衛星播送，而由地上的電視台播送時，常會令人傷腦筋的是，由於位置、地形的關係，會有受信困難的情形發生。

播送衛星送信的頻率是 14GHz，將電波減弱的部份加以增幅，將頻率改變為 12GHz，送回地面。將電波增幅之後播送出去，是由裝置在播送衛星上的異頻雷達收發器（Tranasporndor）所執行。

在地面上，接收電波的碟型天線，是將平行進入的電波集合於碟型的中央的一點。從總台向衛星送信，也是使用碟型天線。

大部份都內藏於碟型天線的 BS 變流器，經過 BS 調諧器，被變換為 UHF，然後便以普通的電視收看節目。

■因為月蝕而中止播送

負責衛星播送的靜止型播送衛星，其所播送的電力，全都是來自於太陽能電池。雖然播送衛星以 24 小時制繼續不停地送出電波，但到了太陽和衛星之間進入像月球和地球般的月蝕狀態時，太陽的光線就無法到達衛星上面，電力便停止，無法播放。

一年之中，在春分、秋分的前後約 40 天的期間，會發生這種「月蝕」。在這段期間內，每天約有 3 小時的衛星會躲到地球的後面去。因為「月蝕」的時間可以預先知道，所以，報紙上的節目表也會寫著「暫停播放」。

靜止衛星的軌道

人造衛星因為以非常快的速度在地球繞行。所以地球的重力及衛星運動時所形成的離心力，使兩者碰在一起的那段期間衛星不致於掉落，也不會飛到別處。遠處的人造衛星由於萬有引力的關係，因此會比較小，速度較慢也無妨。

在赤道上空 3600 公里的圓周軌道，稱為靜止軌道。在此一距離內，人造衛星以 3 小時繞行 1 周的速度運轉，便能和重力保持平衡。從地面看來，它經常和靜止衛星位於同一處。

靜止軌道的全長為 26 萬公里。目前約有 200 個靜止衛星被發射出去，在赤道的上空繞行著。

活躍於氣象觀測領域

不必移動碟型天線也無妨的靜止衛星，可以利用於各種目的。在軍事方面的利用也不少，這便是目前的情況，尤其是在氣象觀測及播送通信方面非常有用，已被廣泛利用。

觀測宇宙氣象變化的氣象衛星，包括不是靜止衛星的衛星在內，除了進行各地的天氣預報之外，也能經由世界氣象機構的連絡，而研究整個地球的大氣動態。

由於日本的衛星播送第一次實現了 PCM 聲音播送，世人對於衛星播送成為新媒體的期待也非常的殷切。作為通信回信中繼基地的功能，和光纖並稱為今後通信迴線的兩大支柱。能同時連接很多地上電視台，這一點便是其一大魅力。問題在於，和中繼衛星之間的通信來回一次需要 0.25 秒的時間，只有此一時間上的延誤，無論如何仍無法克服。

備忘錄◇無論是電話或數據通信，都要用同一條回信送信，想要如此做的構想便是 ISDN。即 Integrated Service Digital Network 的簡稱。

新電視播送 Hi Vision

現今電視機的規格，日本和美國同樣是掃描線 525 條的 NTSC 方式。

相對地，Hi Vison 是將掃描線增加為 1125 條，而影像訊號頻率的寬度，也從 5GHz 擴大為 30GHz，能獲得特別鮮明的影像。畫面縱與橫的比例為 3:5，所以予人很寬廣的印象（過去是 3:4）。

它也被稱為高品位電視機，是非常適合於 AV 時代的 Hi Vision，但因為它和過去的電視機沒有互換性，所以，播放那一方的視聽者，必須從電視攝影機到受像機全都重新購買。

Hi Vision 及 Clean Vision
的試驗播送已經開始了

■現在的電視也是 Clean Vision

仍然保持過去掃描線數目，而改善映像訊號（分為亮度訊號及色彩訊號而送信）的輸出方法之類，想要製造出較高品質的電視播送，正在研究發展之中。

這被稱為 EDTV 或 Clean Vision，也能以現在的電視受像機受信，收看節目。

除此之外，稱為數位電視（Digital TV）已問世。現在電視是將映像訊號、聲音訊號變換為黑白色而播送，而這必須將影像訊號、聲音訊號改變為數位符號而發信，將來可能任何東西都改變為數位。

有兩個聲音！

電視的轉播站，都被分割成一定的頻率寬度，為了避免和其他轉播站的頻道混合一起，互相干擾，在分割一個頻率和其他轉播站分割的頻率之間，都留有相當大的空間。

在一個頻道裡，映像電波和聲音電波的頻率之間也有相當大的空間。聲音多重播送便是利用此一空隙，將和主聲音訊號不同的其他聲音訊號送信出去。

除了立體聲播送及雙語播送之外，也有為了眼睛不便的人收看連續劇時加入說明的聲音，也能一方面收看運動比賽的轉播，一方面將聲音切換成輕音樂來享受。

文字播送也很有趣

電視的畫面是由 504 條掃描線所構成的，但是，播放時的掃描線每一畫面都有 525 條。

那是因為，在「垂直歸線消去期間」是一段「空檔」，也就是有一段時間，影像無法顯現出來。

文字多重播送，便是利用這些過去被浪費掉的 21 條掃描線，想將和主要節目無關的影像傳送出去，或是受信。

想利用它的人，需用 Key pad 的裝置，以選擇資訊。也能將文字播送的部份和主要播送的畫面重疊起來，所以耳朵不方便的人也可以將它當作字幕播送而予以利用。

聲音多重播送本來是用於主要節目的補足性播送，不過，文字多重播送成為獨立的新聞或資訊的揭示板的情形，似乎也不少。

幸好是靜止畫面

電視播送的影像是活動的。為了使它成為動畫,必須在 1 秒間送出及接收 30 個畫面的資訊。

人的眼睛即使能看見1/30秒的圖像,也無法識別所見到的圖像,要了解電視的畫面播映的究竟是什麼?據說需要約 5 秒的時間。如果將電視播送的 1 個頻道全部換成靜止畫面,那麼,即使包括聲音在內也能同時播放 50 種節目(若是單純的計算,也能在 5 秒內播放 150 個節目!)

靜止畫面的播送,屬於 CATV 的一部份,目前已在進行實驗播送。

終極的大畫面

電視的畫面變得愈來愈大。已超越 29 吋,連 37 吋的電視機都問世了。37 吋是指畫面對角線的長度為 37 吋而言。大約長 56 公分,寬 75 公分左右。不僅如此,電視機等的影像在長、寬分別為 3、4 公尺的螢幕上映現的放映機,也開始在市面上發售了。

電視機的映像管,是電波變成映像訊號,使映像管中的螢光物質發光,而放映機是使用透鏡將光加以擴大。

將放映機和螢幕結合成為一體的放映電視(Projection TV),其尺寸從 40 吋到 50 吋都有。

目前已經由液晶、電漿電視為主流,其畫面也越來越大。

CATV 的再開發

　　這是指電纜電視，也就是以有線播送收看的電視播送。它本來是在山間與山間等不易收到普通電視台電波的地方，在山上豎立共同天線，並以同軸電纜將電波、電流分配給各家庭。CATV 也就是 Community Antenna TV 的簡稱。

　　收看電視的人，希望觀賞哪一個頻道，想收看哪一個節目？可利用手邊的裝置傳給有線電視台，則稱為「雙向性 CATV」。如果再進一步就變成想將 CATV 利用於電話及 FAX，也能利用電視購物，或在家不到銀行便能辦事的「都市型 CATV」。

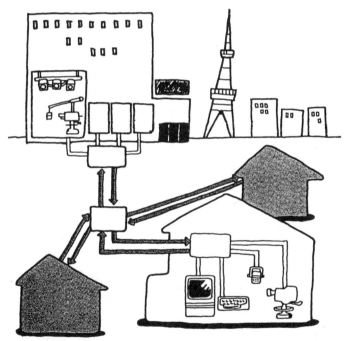

只是播送、收視的時代已經結束了？

備忘錄◇LAN 是指在企業及辦公處等單位，將兩台以上的電腦或印刷機等機器連接起來。即 Local Area Network 的簡稱。

ME：電子醫療

比 X 光攝影性能更好的是 CT 掃描。借電腦之助，電子技術已被利用於醫療方面。

電腦式 X 光檢查

任何人都接受過 X 光檢查。調查肺臟等臟器是否異常的檢查，是以 X 光照射人體。

比紫外線波長更短的 X 光，會穿過人體，此時，它會吸收若干比例的物質。而被吸收的比例依照物質的不同而有所不同，如果身體的任何部位有異常的腫瘍等病變，依照通過那個部位的 X 光的量，便可知道。

但是，在作 X 光攝影時，只能知道被吸收之量的合計而已。如果是借電腦之助的 X 光 CT（電腦斷層掃描），便能很詳細地得知身體的哪一個部份吸收了 X 光。

在身體的前方和後方將 X 光管和檢出機同時移動，而間隔一定的距離以測定吸收量。接著，將 X 光管和檢出機的方向稍微移開，同樣再測定一次，如此一再重複，以各種角度的吸收量資料為基礎，根據這些資料，讓電腦去計算哪一個部位吸收了 X 光。

因為是以光攝影所以能看得清楚的 MRI

如果將物質置於很強烈的磁界之中，然後以特定的高頻率照射那個地方，則氫原子會發出共鳴而釋出能量。這稱為核磁氣共鳴現象。利用這種現象作人體的斷層攝影，即為 MRI。

X 光 CT 似乎是照出 X 光的影子，這樣一來，便可攝影到從氫逸出的光。當然，影像也能拍攝得十分鮮明，除了對癌症的早期很有效之外，也能發現不易見到的動脈。

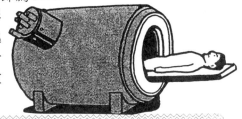

以超音波診察

人的耳朵聽不見的高頻率聲音稱為超音波。從 1GHz 到 10GHz 的超音波，在水中也能傳送，而當它遇到密度或硬度不同的音波時，就會有一部份反射出來，利用此一性質的魚群探知機及潛水艇的聲納裝置，各位應該都聽過。

超音波在人體之中也會發生同樣的情形。2GHz 左右的超音波在體內傳送，而遇到臟器等障礙，會有一部份反射出來。此時，可以電腦計算時間差，使其成為圖像。相較於 X 光，超音波對人體並無不良的影響，所以對於瞭解抵抗力較弱的胎兒的情況，非常有用。不過，它很難得到鮮明的影像，這一點尚有改良的餘地。

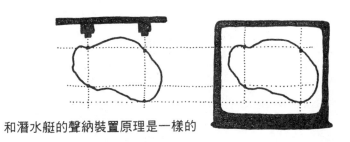

和潛水艇的聲納裝置原理是一樣的

備忘錄◇附加價值通信網即 Value Added Network，簡稱為 VAN，它設法讓通信法不同的網路之間也能交換彼此的資料。

電化生活的未來

很多電氣製品都裝置著微電腦，以電腦控制整個家庭的時代即將來臨了。

繼辦公室之後是家庭的自動化

正如工作場所被 OA 化（辦公室自動化）而達到電化、合理化、自動化一樣，家庭生活也逐漸被自動化了。在每個電氣製品之中，都裝有微電腦，所以已經是自動化了。而未來也許會是以電腦控制這些電氣製品的 HA 化（家庭自動化）的時代。以電腦調節、管理照明、室溫及濕度的全動化房子，也實現了。

能很敏感地察知人的體溫的感應器，能自動打開照明的開關，而由電腦判斷人的數目及狀況，將指令傳給空調器的微電腦。

以電腦控制的全電化房子，在防災方面也將發揮其威力。以對熱及煙有反應的感應器察知火災，開始自動滅火行動，並向家人發出危險警報，自動通知消防隊。

電氣及瓦斯的費用，就交給電腦去支付。購買物品時，用光學式讀取裝置讓電腦將收據記憶下來，家庭收支簿也可委由電腦代勞，這些現在都已經實現了。

只要先將計時器設定好，屆時就打開冷暖器的開關，外出時也可以用電話讓浴室的洗澡水洗放好。由於今後電腦的發達，不知會有什麼樣的家庭自動化，想起來已是一大樂趣！

如果數位通信更普及

如果能經由 CATV 及個人電腦通信，和商店及銀行連絡，則人們就不必外出，待在家中也能購買物品及支付各種費用。看電視上所映出的商品，決定購買時，費用就經由迴線從銀行的戶頭撥到商店。

或是，讓對方將促銷、劇場及演唱會的簡介傳送給我們，或是安排入場券、英語會話學習及教育講座，以及作為嗜好的圍棋、象棋等教室，不需親自去聽課也能學習的對話型教學，也正大為流行。

和個人電腦或 FAX 連接起來，有電子郵件、電子新聞等等，留在自己家中上班的機會也可能大大地增加。

任何文件都影印下來

影印機的構造是利用靜電和光電效果等電氣現象。

將要複印的東西放在機器上時，就會透過透鏡將影像映在其中的圓筒，而此一圓筒，是以蒸著的方法塗上硒（selenium）的半導體，並帶著很強的正電。如果想要複印的是某種文件，映在圓筒上的影像之中，文字的部份光照射不到，只有其他的部份可以照到。

此時，便發光電效果。遇到光的半導體，電阻會變小，成為很容易讓電氣通過的導體。同時，該部份會有靜電逸出，有文字的部份，便有靜電殘留著。

在此時際，將帶著負電 Toner（調色劑、增色劑）的碳粉噴上去，文字的部份就會被 Toner 所吸附。最後，將在面帶著正電的影印用紙捲在圓筒上，加熱，讓 Toner 滲透到影印紙裡去。

和此類似的是 FAX，雖同樣是影印，但卻是以電話將文件傳送給對方。

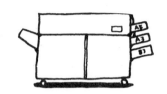

影印機和 FAX 也被稱為第二家電，個人也可以買到低價的機種。

備忘錄◇雜誌、小冊子、商業文件的影印紙，愈來愈多，現代社會紙張正像洪水一般地湧出，擋也不擋不住。那麼，完成以電子記錄文件的資訊化社會理想之後，紙張會減少嗎？

大展出版社有限公司
品冠文化出版社　圖書目錄

地址：台北市北投區(石牌)
　　　致遠一路二段 12 巷 1 號
郵撥：01669551＜大展＞
　　　19346241＜品冠＞

電話：(02) 28236031
　　　28236033
　　　28233123
傳真：(02) 28272069

・熱 門 新 知・品冠編號 67

1.	圖解基因與 DNA	（精）	中原英臣主編 230 元
2.	圖解人體的神奇	（精）	米山公啟主編 230 元
3.	圖解腦與心的構造	（精）	永田和哉主編 230 元
4.	圖解科學的神奇	（精）	鳥海光弘主編 230 元
5.	圖解數學的神奇	（精）	柳 谷 晃著 250 元
6.	圖解基因操作	（精）	海老原充主編 230 元
7.	圖解後基因組	（精）	才園哲人著 230 元
8.	圖解再生醫療的構造與未來		才園哲人著 230 元
9.	圖解保護身體的免疫構造		才園哲人著 230 元
10.	90 分鐘了解尖端技術的結構		志村幸雄著 280 元

・名 人 選 輯・品冠編號 671

1. 佛洛伊德　　　　　　　　　傅陽主編　200 元

・圍 棋 輕 鬆 學・品冠編號 68

1. 圍棋六日通　　　　　　　李曉佳編著　160 元
2. 布局的對策　　　　　　　吳玉林等編著　250 元
3. 定石的運用　　　　　　　吳玉林等編著　280 元

・象 棋 輕 鬆 學・品冠編號 69

1. 象棋開局精要　　　　　　方長勤審校　280 元

・生 活 廣 場・品冠編號 61

1. 366 天誕生星　　　　　　李芳黛譯　280 元
2. 366 天誕生花與誕生石　　李芳黛譯　280 元
3. 科學命相　　　　　　　淺野八郎著　220 元
4. 已知的他界科學　　　　陳蒼杰譯　220 元
5. 開拓未來的他界科學　　陳蒼杰譯　220 元
6. 世紀末變態心理犯罪檔案　沈永嘉譯　240 元

・女醫師系列・ 品冠編號 62

・傳統民俗療法・ 品冠編號 63

・常見病藥膳調養叢書・ 品冠編號 631

1. 脂肪肝四季飲食　　　　　蕭守貴著　200元
2. 高血壓四季飲食　　　　　秦玖剛著　200元
3. 慢性腎炎四季飲食　　　　魏從強著　200元
4. 高脂血症四季飲食　　　　　薛輝著　200元
5. 慢性胃炎四季飲食　　　　馬秉祥著　200元
6. 糖尿病四季飲食　　　　　王耀獻著　200元
7. 癌症四季飲食　　　　　　　李忠著　200元
8. 痛風四季飲食　　　　　　魯焰主編　200元
9. 肝炎四季飲食　　　　　　王虹等著　200元
10. 肥胖症四季飲食　　　　　李偉等著　200元
11. 膽囊炎、膽石症四季飲食　謝春娥著　200元

・彩色圖解保健・ 品冠編號 64

1. 瘦身　　　　　　　　　主婦之友社　300元
2. 腰痛　　　　　　　　　主婦之友社　300元
3. 肩膀痠痛　　　　　　　主婦之友社　300元
4. 腰、膝、腳的疼痛　　　主婦之友社　300元
5. 壓力、精神疲勞　　　　主婦之友社　300元
6. 眼睛疲勞、視力減退　　主婦之友社　300元

・休閒保健叢書・ 品冠編號 641

1. 瘦身保健按摩術　　　　聞慶漢主編　200元
2. 顏面美容保健按摩術　　聞慶漢主編　200元

・心 想 事 成・ 品冠編號 65

1. 魔法愛情點心　　　　　結城莫拉著　120元
2. 可愛手工飾品　　　　　結城莫拉著　120元
3. 可愛打扮 & 髮型　　　 結城莫拉著　120元
4. 撲克牌算命　　　　　　結城莫拉著　120元

・少 年 偵 探・ 品冠編號 66

1. 怪盜二十面相　（精）　江戶川亂步著　特價 189元
2. 少年偵探團　　（精）　江戶川亂步著　特價 189元
3. 妖怪博士　　　（精）　江戶川亂步著　特價 189元
4. 大金塊　　　　（精）　江戶川亂步著　特價 230元
5. 青銅魔人　　　（精）　江戶川亂步著　特價 230元
6. 地底魔術王　　（精）　江戶川亂步著　特價 230元
7. 透明怪人　　　（精）　江戶川亂步著　特價 230元

·武 術 特 輯· 大展編號 10

·彩色圖解太極武術· 大展編號 102

·國際武術競賽套路· 大展編號 103

1.	長拳	李巧玲執筆	220 元
2.	劍術	程慧琨執筆	220 元
3.	刀術	劉同為執筆	220 元
4.	槍術	張躍寧執筆	220 元
5.	棍術	殷玉柱執筆	220 元

·簡化太極拳· 大展編號 104

1.	陳式太極拳十三式	陳正雷編著	200 元
2.	楊式太極拳十三式	楊振鐸編著	200 元
3.	吳式太極拳十三式	李秉慈編著	200 元
4.	武式太極拳十三式	喬松茂編著	200 元
5.	孫式太極拳十三式	孫劍雲編著	200 元
6.	趙堡太極拳十三式	王海洲編著	200 元

·導引養生功· 大展編號 105

1.	疏筋壯骨功＋VCD	張廣德著	350 元
2.	導引保建功＋VCD	張廣德著	350 元
3.	頤身九段錦＋VCD	張廣德著	350 元
4.	九九還童功＋VCD	張廣德著	350 元
5.	舒心平血功＋VCD	張廣德著	350 元
6.	益氣養肺功＋VCD	張廣德著	350 元
7.	養生太極扇＋VCD	張廣德著	350 元
8.	養生太極棒＋VCD	張廣德著	350 元
9.	導引養生形體詩韻＋VCD	張廣德著	350 元
10.	四十九式經絡動功＋VCD	張廣德著	350 元

·中國當代太極拳名家名著· 大展編號 106

1.	李德印太極拳規範教程	李德印著	550 元
2.	王培生吳式太極拳詮真	王培生著	500 元
3.	喬松茂武式太極拳詮真	喬松茂著	450 元
4.	孫劍雲孫式太極拳詮真	孫劍雲著	350 元
5.	王海洲趙堡太極拳詮真	王海洲著	500 元
6.	鄭琛太極拳道詮真	鄭琛著	450 元
7.	沈壽太極拳文集	沈壽著	630 元

國家圖書館出版品預行編目資料

輕鬆瞭解電氣／柯富陽編著
——初版——臺北市，大展，民95
面；21公分－（休閒娛樂；24）
ISBN 957-468-481-4（平裝）
1. 電力
448　　　　　　　　　　　95012450

輕鬆瞭解電氣

ISBN 957-468-481-4

編 著 者／柯　富　陽
發 行 人／蔡　森　明
出 版 者／大展出版社有限公司
社　　址／台北市北投區（石牌）致遠一路2段12巷1號
電　　話／(02) 28236031・28236033・28233123
傳　　真／(02) 28272069
郵政劃撥／01669551
網　　址／www.dah-jaan.com.tw
E-mail／service@dah-jaan.com.tw
登 記 證／局版臺業字第2171號
承 印 者／國順文具印刷行
裝　　訂／建鑫印刷裝訂有限公司
排 版 者／千兵企業有限公司
初版1刷／2006年（民95年）　9月

定　價／200元

●本書若有破損、缺頁敬請寄回本社更換●

推理文學經典巨著，中文版正式授權

名偵探明智小五郎與怪盜的挑戰與鬥智
名偵探柯南、金田一都讚嘆不已

日本推理小說鼻祖—江戶川亂步

1894年10月21日出生於日本三重縣名張〈現在的名張市〉。本名平井太郎。
就讀於早稻田大學時就曾經閱讀許多英、美的推理小說。
畢業之後曾經任職於貿易公司，也曾經擔任舊書商、新聞記者等各種工作。
1923年4月，在『新青年』中發表「二錢銅幣」。
筆名江戶川亂步是根據推理小說的始祖艾德嘉‧亞藍波而取的。
後來致力於創作許多推理小說。
1936年配合「少年俱樂部」的要求所寫的『怪盜二十面相』極受人歡迎，
陸續發表『少年偵探團』、『妖怪博士』共26集……等
適合少年、少女閱讀的作品。

1～3集　定價300元　試閱特價189元